高效推进知识产权强国战略丛书

专利分析、导航、评议与预警

国家知识产权局专利局专利审查协作广东中心◎组织编写

武　剑◎编

知识产权出版社
全国百佳图书出版单位
—北京—

图书在版编目（CIP）数据

专利分析、导航、评议与预警/武剑编. —北京：知识产权出版社，2022.10（2024.8 重印）

ISBN 978－7－5130－8377－5

Ⅰ.①专… Ⅱ.①武… Ⅲ.①专利—研究 Ⅳ.①G306

中国版本图书馆 CIP 数据核字（2022）第 174277 号

内容提要

本书从专利信息分析入手，介绍了专利导航、知识产权评议、专利预警的发展历程、基本概念和操作方法。希望本书能够帮助读者较为全面地了解运用专利信息的意义，提升专利信息运用的理论和实践水平，更好地对创新资源进行优化配置和合理调整，为产业和企业的决策指引方向，发挥专利信息的价值，服务创新驱动发展，助力产业转型升级，提升知识产权对经济发展的贡献度。

责任编辑：李 潇 刘晓琳　　**责任校对**：潘凤越

封面设计：杨杨工作室·张 冀　　**责任印制**：刘译文

高效推进知识产权强国战略丛书

专利分析、导航、评议与预警

国家知识产权局专利局专利审查协作广东中心 组织编写

武 剑 编

出版发行：	知识产权出版社有限责任公司	**网　址**：	http：//www.ipph.cn
社　址：	北京市海淀区气象路 50 号院	**邮　编**：	100081
责编电话：	010－82000860 转 8133	**责编邮箱**：	3275882@qq.com
发行电话：	010－82000860 转 8101/8102	**发行传真**：	010－82000893/82005070/82000270
印　刷：	北京九州迅驰传媒文化有限公司	**经　销**：	新华书店、各大网上书店及相关专业书店
开　本：	720mm×1000mm 1/16	**印　张**：	13.75
版　次：	2022 年 10 月第 1 版	**印　次**：	2024 年 8 月第 3 次印刷
字　数：	220 千字	**定　价**：	89.00 元

ISBN 978－7－5130－8377－5

高效推进知识产权强国战略丛书

编委会

《专利分析、导航、评议与预警》分册

编写组成员：武　剑

审 稿 人 员：曲新兴

总　序

在我国进入新发展阶段的时代背景下，知识产权作为国家发展战略性资源和国际竞争力核心要素的作用更加凸显。2018 年 4 月 10 日，国家主席习近平出席博鳌亚洲论坛 2018 年年会开幕式并发表主旨演讲，强调加强知识产权保护是完善产权保护制度最重要的内容，也是提高中国经济竞争力最大的激励。2020 年 11 月 30 日，习近平总书记在十九届中央政治局第二十五次集体学习时指出，知识产权保护工作关系国家治理体系和治理能力现代化，关系高质量发展，关系人民生活幸福，关系国家对外开放大局，关系国家安全。

我国的知识产权事业经过多年发展已经取得了长足进步，特别是党的十八大以来更是加速发展，日新月异，成绩喜人，但总体而言，如习近平总书记所指出，我国正在从知识产权引进大国向知识产权创造大国转变，知识产权工作正从追求数量向提高质量转变。新时代迫切需要大作为，以早日实现上述两个转变。

中共中央、国务院在 2021 年 9 月印发的《知识产权强国建设纲要（2021—2035 年）》（以下简称《纲要》），是以习近平同志为核心的党中央面向知识产权事业未来十五年发展作出的重大顶层设计，是新时代建设知识产权强国的宏伟蓝图，是我国知识产权事业发展的重大里程碑。建设知识产权强国是建设社会主义现代化强国的必然要求，是推进国家治理体系和治理能力现代化的内在需要，是推动高质量发展的迫切需要，是推动构建新发展格局的重要支撑。《纲要》明确了 6 个方面 18 项重点任务，其中将开发一批知识产权精品课程，开展干部知识产权学习教育作为“营造更加开放、更加积极、更有活力的知识产权人才发展环境”的重要一环。

国家知识产权局专利局专利审查协作广东中心（以下简称“审协广东中心”）是经中央编办批复，于2011年9月成立的具有独立法人资格的公益二类事业单位，隶属国家知识产权局专利局。受国家知识产权局专利局委托，审协广东中心主要履行发明专利审查和知识产权服务两大职能。成立以来，审协广东中心人员队伍不断壮大，现有员工近2 000名，审查员中研究生以上学历占比90%以上，已形成一支覆盖机械、电学、通信、医药、化学、光电、材料等各个专业技术领域的高素质人才队伍，为高质量专利审查和高水平创新服务提供了坚实的人才保障。截至2021年10月，审协广东中心秉持“保护创新，让创造更具价值”的使命和“开放、包容、务实、创新”的理念，累计完成了超过120万标准件发明专利的实质审查。2021年的年审查量占全国的六分之一左右，成为我国专利审查事业的一支依靠力量。此外，审协广东中心按照“立足广州、辐射华南、示范全国”的思路和追求积极开展知识产权服务工作，包括战略新兴产业导航预警、分类检测、重大项目咨询、助力科技攻关和“卡脖子”技术突破、知识产权培训等多方面知识产权服务，累计已完成数百个项目，取得丰硕成果和良好的社会效益。十年来，审协广东中心在知识产权服务方面已在华南地区乃至全国具有较大影响力。

作为规模和能力已经凸显的国家专利审查和知识产权综合性服务机构，审协广东中心有责任利用自身优势和资源在做好发明专利实质审查的同时服务区域经济，依托十年来结晶而成的智慧和经验开发一批知识产权精品课程，以利开展知识产权学习教育，增强全社会在新形势下做好知识产权工作的能力，为构建新发展格局做出有益贡献。

为此，审协广东中心遴选优秀的工作人员成立“高效推进知识产权强国战略”丛书专项工作组，并组成由中心领导班子成员牵头的编委会。工作组成员均具有较高的理论修养、丰富的实践经验以及贡献自身智慧和经验的热情，有的成员还是丛书中相关成功案例的直接参与者和重要贡献者。同时，各分册的内容均按照撰写加审稿的模式进行双重把关，以保障书籍内容的正确性和可靠性。该套丛书集审协广东中心智慧，按照“注重实效、重点突出、开阔思路、全球眼光”的原则，历时一年多，精心编撰而成。

在全国上下深入贯彻落实《纲要》的总体要求和重要部署的背景下，审协广东中心组织编写本套丛书可谓正当其时。丛书包括十个分册，分别从知识产权政策、高价值专利创造与培育、专利申请与布局、专利代理与服务、专利审查实践与专利权获取、专利文献检索、专利导航与预警分析、专利运营、专利技术转化和运用案例、知识产权保护与维权等方面对知识产权的创造、运用、保护、管理和服务等重要链条结合相关工作的最新进展进行了充分阐述，回答了如何培育高价值专利、如何对创新成果进行布局、如何从审查角度看专利代理、如何把握专利审查标准、如何进行专利文献检索、如何在产业上提前导航和预警、如何对成果进行运营和转换、如何护航创新主体“走出去”等重要问题。

本套丛书具有如下特点。一是坚持问题导向，丛书结合业界目前存在的不足给出有针对性的解决方案。二是坚持全面性原则，十个分册从不同方面涵盖了知识产权的创造、运用、保护、管理和服务等从创新到保护的全链条。三是坚持实用性原则，丛书紧扣实际案例，强化可参考性。四是坚持时效性原则，丛书将知识产权工作的最新进展纳入进来，以利于业界了解知识产权发展的最新动态。

本套丛书有助于全社会充分了解和认识知识产权在新时期的重要价值，有助于科技攻关、创新护航、政府管理和企业赋能，有助于进一步推进知识产权强国建设。期望本套丛书的出版能为来自政府、高等院校、研究机构、创新主体、知识产权服务机构等的管理、研究和从业人员提供有力参考，使得审协广东中心和业界共同谱写我国知识产权工作的辉煌新篇章。

在丛书编写过程中，工作组得到了国家知识产权局领导的热情鼓励，审协广东中心领导的大力支持和专项工作组同事的齐心付出是丛书得以问世的重要保障。知识产权出版社编辑同志精益求精的工作作风和严格把关的质量意识推动了丛书的高质量出版，在此一并表示衷心的感谢。

前 言

创新是引领发展的第一动力，保护知识产权就是保护创新。世界各国都在密切关注新一轮科技革命和产业变革带来的发展机遇，以期发挥知识产权对创新发展的引领和促进作用。知识产权将产业和企业的创新、研发、制造、营销等环节有效联结起来，既可以引领高新技术产业发展，又能够推动传统产业转型升级。

我国正在从知识产权引进大国向知识产权创造大国转变，知识产权工作正在从追求数量向提高质量转变。创造是一切知识产权活动的初始源头，创造力是体现知识产权实力的首要因素，有效利用知识产权中蕴含的情报信息，强化知识产权创造、保护、运用的能力，是提高创新效率和质量、规避产业知识产权风险、提升创新驱动发展能力的必然选择。

本书介绍了专利分析、专利导航、知识产权分析评议和专利预警的发展历程、基本概念和操作方法。希望本书能够帮助读者较为全面地了解专利信息利用的意义，提升专利信息利用的理论和实践水平，更好地对创新资源进行优化配置和合理调整，为产业和企业的决策指引方向，更好地发挥专利信息的价值，服务创新驱动发展，助力产业转型升级，提升知识产权对经济发展的贡献度。

在本书第三部分，文中采用了公众更为熟知的“知识产权分析评议”来表述相关内容，但实质上仅对专利相关的分析评议进行了介绍。

最后，由于编者水平和经验有限，书中内容难免存在疏漏之处，敬请读者批评指正。

目　录

第一部分　专利分析

第二部分 专利导航

第三部分 知识产权分析评议

第四部分 专利预警

第一部分

专利分析

第一章　专利分析的基本理论

专利技术是生产力中最活跃、最先进的部分之一。专利制度的核心是保护发明创造、鼓励技术创新，其主要的作用是在法律保护下，加快专利技术的推广和应用，促进社会进步和经济发展。专利文献是记录有关发明创造信息的文献，公开后的专利文献成为推广和促进专利制度发展的重要支柱。据世界知识产权组织统计，世界上 90% ~95% 的发明创造，都会在专利文献中体现，其中约 70% 只会体现在专利文献中，有效利用专利信息可缩短 60% 的研发周期，节约 40% 的科研经费。① 因此，利用好专利信息，增强竞争优势，已经是市场竞争中的必要手段，而作为运用专利信息的基础和前提，专利分析无疑是最为重要的方法之一②。

第一节　专利文献和专利信息

一、专利文献的起源

专利（Patent）一词来源于拉丁语 Litterae Patentes，意为公开的信件或公共文献，是中世纪的君主用来颁布某种特权的证明③。专利文献的起源，可以直接追溯到现代专利制度的诞生，是现代专利制度推动产生了专利文

---

① 那英．企业创新与专利信息利用实务［M］．2 版．北京：知识产权出版社，2017：63.

② 董新蕊，朱振宇，谭凯，等．专利分析运用实务［M］．北京：国防工业出版社，2016：32.

③ 王永鸿，周成华．西方文明千问［M］．西安：三秦出版社，2012：71.

献，而专利文献的出现又标志着具有现代特点的专利制度的最终形成①。

1474 年，世界上第一部专利法在威尼斯共和国诞生，此后在相当长的时间里，颁发给发明人的是一种授权证明文件。这种文件形式简单，没有说明书、权利要求书和摘要，也没有附图。从某种意义上说，这种文件更像是一种奖状。1624 年，英国实施垄断法（The Statute of Monopolies），这部法律虽然被公认为现代专利法的鼻祖，但仍未催生出专利文献，专利仅被记录在档案中。

18 世纪初，英国在专利法中开始要求发明人必须充分地陈述其发明内容并予以公布，以此作为对专利的“对价”（Consideration）。专利制度就以资产阶级的合同形式反映出来了。专利的取得成为一种订立合同（契约）的活动：发明人向公众公布其研制出的新产品或新技术，以换取公众在一定时期内承认其对研究成果的专有权。此时，“专利说明书”出现了②。

1852 年，英国发生了世界专利史上最重要的变革，建立了现代意义的专利局，并颁布专利法修正法令。该法令明确规定：发明人必须充分陈述其发明内容并予以公布，专利在申请后无论是否授权都要公开出版。这项规定体现了现代专利制度的基本理念——以技术公开换取法律保护，标志着专利文献的正式诞生，也代表着具有现代特点的专利制度的最终形成③。

从 1852 年起，英国开始正式出版专利说明书，并向前追溯早期出版的专利说明书，配以专利号。另外，英国还出版了人名索引及分类文摘等专利文献，现存第一份英国专利文献的号码是 1/1617（即 1617 年的第一件专利）④。图 1－1 展示了英国第一件专利文件的扉页。

---

① 李光禄，牛忠志．新编知识产权法学［M］．长春：吉林大学出版社，2009：128.

② 郑成思．知识产权论［M］．北京：法律出版社，1998：8.

③ 吕炳斌．专利披露制度起源初探［M］//国家知识产权局条法司．专利法研究 2009. 北京：知识产权出版社，2010：1.

④ 李建蓉．专利文献与信息［M］．北京：知识产权出版社，2002：3

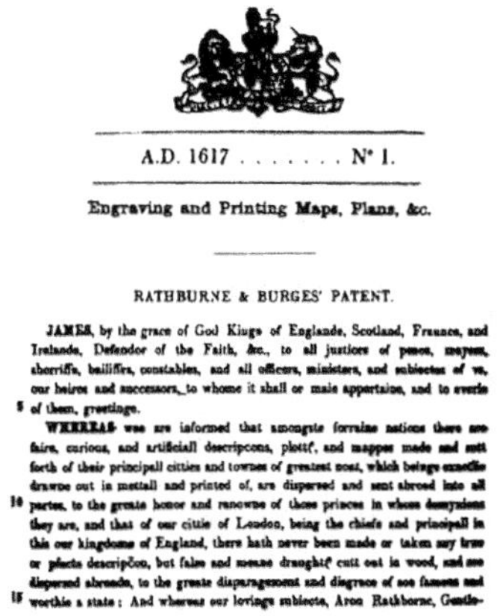

A.D. 1617 . . . . N° 1.

Engraving and Printing Maps, Plans, &c.

RATHBURNE & BURGES' PATENT.

JAMES, by the grace of God Kinge of Englande, Scotland, Fraunce, and Irelande, Defendor of the Faith, &c., to all justices of peace, mayors, sherriffs, bailiffes, constables, and all officers, ministers, and subiectes of vs, our heires and successors, to whome it shall or maie appertaine, and to everie of them, greetinge.

WHEREAS wee are informed that amongste forraine nations there are faire, curious, and artificiall descripcons, plott?, and mappes made and sett forth of their principall citties and townes of greatest note, which beinge exactlie drawne out in mettall and printed of, are dispersed and sent abroad into all partes, to the greate honor and renowne of those princes in whose domynions they are, and that of our cittie of London, being the chiefe and principall in this our kingdome of England, there hath never been made or taken any true or plaete descripcon, but false and meane draught? cutt out in wood, and soe dispersed abroade, to the greate disparagement and disgrace of soe famous and worthie a state: And whereas our lovinge subiects, Aron Rathborne, Gentle-

图 1-1　英国的第一件专利

随着专利制度的发展，出版专利文献以广泛传播发明创造的做法已被多数实行专利制度的国家所接受。然而，在专利文献产生之初，人们并未采用“专利文献”这一术语。那时称这类文献为专利证书或发明专利证书，是授予发明人垄断权的法律文件。专利说明书只作为法律文件的一部分，对发明进行描述，其中包括对要求获得垄断权的描述。随着专利说明书的产生和不断发展，这种文献逐渐成为一种使公众能够了解发明内容及法律保护范围的独立文件。人们为了能够对专利出版物的全部或其中的一部分加以引用，逐渐使用了术语“专利文献”①。

二、专利文献的内涵

随着世界各国陆续建立了现代专利制度，专利文献也相继在各国产生。尽管各国专利法各有特点，但都反映了专利制度的两大基本功能：法律保护和技术公开②。以出版专利文献的形式来实现发明创造向社会的公开和传播是专利制度走向成熟的最显著特征③。

专利制度诞生后，世界上许多重要的、对人类文明产生重大影响的发

① 赖洪．专利文献［M］．北京：专利文献出版社，1994：5.

② 冯晓青．知识产权法［M］．武汉：武汉大学出版社，2009：107.

③ 徐海燕．近代专利制度的起源与建立［J］．科学文化评论，2010，007（002）：40-52.

明都以专利文献形式公开并被授予专利权①。如富兰克林发明的避雷针、斯蒂芬森发明的火车、诺贝尔发明的炸药、爱迪生发明的留声机、狄塞尔发明的内燃机、惠特尔发明的喷气式发动机、卡尔松发明的施乐静电复印术等都是通过专利文献形式公开的②。

世界知识产权组织阐述了现代专利文献的概念："专利文献是包含已经申请或被确认为发现，发明、实用新型和工业品外观设计的研究、设计、开发和试验成果的有关资料，以及保护发明人、专利所有人及工业品外观设计和实用新型注册证书持有人权利的有关资料的已出版或未出版的文件（或其摘要）的总称"；还进一步指出："专利文献按一般的理解主要是指各国专利局的正式出版物。"③

各国专利说明书的内容已逐渐趋于一致，并形成了固定的格式，一般由扉页、权利要求书、说明书及其附图三部分组成④。

1. 扉页

扉页通常是指专利说明书的首页，还包括专利文献著录项目的后续页。扉页描述了每件专利的基本信息，使读者清晰、快速地获得每件专利的各项基本信息。专利文献著录项目包括全部专利特征的信息，有表示专利法律特征的信息，如专利申请人（或专利权人）、申请日期、申请公开日期、公告日期、批准专利的授权日期等；有表示专利技术特征的信息，如发明创造的名称、发明技术内容的摘要，以及具有代表性的附图或化学公式等。对于享有优先权的申请，还有优先权的申请日、申请号及申请国等相关内容。

2. 权利要求书

权利要求是以科学术语定义该专利或专利申请所给予的保护范围。权利要求书是申请专利的核心，也是确定专利保护范围的主要法律文件，不论在专利申请还是专利的侵权诉讼中都起着关键的作用。权利要求应该记

---

① 章潘．专利文献的形成［J］．中国发明与专利，2007（05）：18－19.

② 李建蓉．专利文献与信息［M］．北京：知识产权出版社，2002：7.

③ 于光，宋天华．大学信息素质基础［M］．哈尔滨：哈尔滨工业大学出版社，2011：196.

④ 中华人民共和国国家知识产权局．专利审查指南：2010［M］．修订版．北京：知识产权出版社，2017：19－20.

载发明或者实用新型的技术特征，技术特征可以是构成发明或实用新型技术方案的组成要素，也可以是要素之间的相互关系。

3. 说明书及其附图

说明书是用于对发明创造全部技术方案进行解释和说明的文件。它是一件发明或者实用新型专利申请必须有的，并且应对发明或实用新型作出清楚、完整的说明，以所属技术领域的技术人员能够实现为准。清楚、完整的说明是指说明书的主题明确、表述清楚，包括有关理解和实现发明或者实用新型所需的全部技术内容。所属技术领域的技术人员能够实现是指所属技术领域的技术人员按照说明书记载的内容，能够实现发明或者实用新型的技术方案，解决其技术问题，并且产生预期的技术效果。附图是说明书的组成部分。附图的作用在于用图形补充说明书文字部分的描述，使人能够直观地、形象化地理解发明或者实用新型的每个技术特征和整体技术方案。对于机械和电学技术领域中的专利申请，说明书附图的作用尤其明显。对于发明专利而言，如果用文字足以清楚、完整地描述其技术方案的，可以没有附图。实用新型专利申请的说明书必须有附图。

另外，一份经过审查的专利文献往往还会附有一份专利检索报告。专利检索报告是各国专利机构依据专利申请所涉及的技术方案对现行技术开展检索，并记载检索的结果，特别是记载构成相关现有技术的文件①。目前，出版附有检索报告的专利文件的组织包括欧洲专利局、世界知识产权组织等。通常，检索报告中采用符号来表示对比文件与发明创造主题的关系，不同的文献编号代表了不同的含义。具体而言，文献编号主要包括以下内容。

X：仅考虑该文献，权利要求所记载的发明不能被认为具有新颖性或创造性。

Y：当该文献与另一篇或多篇此类文献结合时，并且这种结合对于所属领域技术人员是显而易见的，权利要求所记载的发明不能认为具有创造性。

---

① 杨铁军．专利信息利用技能［M］．北京：知识产权出版社，2011：23.

A：一般现有技术文献，无特别相关性。

D：由申请人在申请中引证的文献，该文献是在检索过程中要参考的。代码“D”应始终与一个表示引证文献相关性的类型相随，如 DX。

E：《专利合作条约实施细则》第 33 条 1（c）中确定的在先专利文献，但是在国际申请日当天或之后公布。

O：涉及的口头公开、使用、展出或其他方式公开的非书面公开文献。

P：申请日前公布的文献，如果其公布日迟于申请中所要求的优先权日，则代码 P 始终与 X、Y 或 A 类型之一相随，如 PX。在依据《专利合作条约》（PCT）提交国际专利申请的情况下，该申请日即国际申请日。

T：在申请日（在 PCT 申请的情况下，即国际申请日）或优先权日后公布的文献，与专利申请不抵触，但引证它是为了理解构成发明的原理或理论。

三、专利文献的信息化

随着信息社会的到来，专利文献也进入信息化时代。人们更多地谈论专利信息，研究专利信息的传播与利用。究竟什么是专利信息？或者说什么样的信息才能称为专利信息呢？有人曾经试图给专利信息一个准确的定义，特别是要把专利文献与专利信息区分开来、说清楚，但总是很难做到[①]。事实上，这两个概念相辅相成，从定义上泾渭分明地分开是不可能的，也没有现实意义。但是，从相互关系上加以说明却十分必要。从两者关系上说，专利信息是指以专利文献作为主要内容或以专利文献为依据，经分解、加工、标引、统计、分析、整合和转化等信息化手段处理，并通过各种信息化方式传播而形成的与专利有关的各种信息的总称。

① 甘绍宁．重点产业专利信息应用指南［M］．北京：知识产权出版社，2013：18.

专利信息可分为以下四种。①技术信息。技术信息一般是指在专利文献的权利要求书、说明书、说明书附图和说明书摘要中披露的与该发明创造技术内容有关的信息，以及附在专利文献后的检索报告或相关专利文献提供的与发明创造相关的信息。②法律信息。法律信息一般是指在权利要求书、专利公报及专利登记簿等专利文献中记载的与权利保护范围和权利有效性相关的信息。其中，与权利保护范围有关的信息用于说明发明创造的技术特征，是专利的核心法律信息，也是对专利实施法律保护的依据；与权利有效性有关的信息包括审查、复审、无效、授权、转让、许可、变更、放弃、终止和恢复等法律状态有关的信息，以及申请人、专利权人、发明人、申请日、公开日、优先权信息、申请号等著录项目相关信息。图1－2展示了典型的专利文件的扉页。③经济信息。经济信息一般是指专利文献中与经济活动密切相关的信息，通常反映出经济利益趋向和市场占有欲，如指定国范围的信息、技术贸易信息、经营活动信息等。企业可以对专利经济信息进行挖掘，获悉对手经济实力及研发能力，掌握对手的经营发展策略，以及可能的潜在市场等。④战略信息。战略信息其实是个混合概念，是指将技术、经济、法律信息糅合在一起加工而成的具有战略性的专利信息，如通过专利分析绘制出的“专利地图”等。[①]

近年来，国家知识产权局十分重视对专利战略信息的研究工作，先后组织专门力量，示范性地对国家的一些重点发展领域开展专利战略研究，完成了高清晰度彩电、纳米技术、船舶和中药等领域的专利战略研究报告[②]。在21世纪的中国，科教兴国战略和可持续发展战略已成为指导国家经济建设的基本国策，注重对专利战略信息的生产、开发和利用将极大地促进我国自主知识产权核心技术的形成，提升我国企业的国际竞争力，实现国民经济发展的总体目标[③]。

---

① 王红. 专利信息的开发利用与专利知识库的构建［J］. 中国信息导报，2005（9）：42－45.

② 肖伟炳，郭纲，耿彤. 浅谈竞争情报与专利文献开发利用［C］//中国科技情报学会. 中国科技情报学会竞争情报分会年会暨博览会，2005：84.

③ 李建蓉. 专利文献与信息［M］. 北京：知识产权出版社，2002：10.

(19) 中华人民共和国国家知识产权局

(12) 发明专利申请

(10) 申请公布号 CN 103475453 A
(43) 申请公布日 2013.12.25

(21) 申请号 201310420089.2

(22) 申请日 2013.09.02

(71) 申请人 中山大学
地址 510275 广东省广州市海珠区新港西路 135 号

(72) 发明人 刘星成　龚信仁

(51) Int.Cl.
H04L 1/00 (2006.01)
H04W 84/18 (2009.01)

权利要求书3页　说明书5页　附图7页

(54) 发明名称

基于随机线性网络编码的协作通信方法

(57) 摘要

本发明针对无线传感器网络（Wireless Sensor Networks，WSNs）通信的可靠性，提出了基于网络编码的协作通信方法（Network Coding Based Cooperative Communication Scheme，NCCC）。NCCC 结合了协作通信和网络编码各自的优点，通过对发送数据包进行网络编码而获得一定的编码正增益，同时利用协作通信降低因个别节点失效而造成通信失败的概率。在 NCCC 中，每个节点独立编码并发送数据包，不需要几个节点同时发送数据，因此节点间不需要严格的时钟同步。同时，在有限域上随机产生网络编码的编码向量，从而降低了实现的复杂度。本发明具有实现复杂度低，并可以大大提高 WSN 中的通信可靠性的特点。

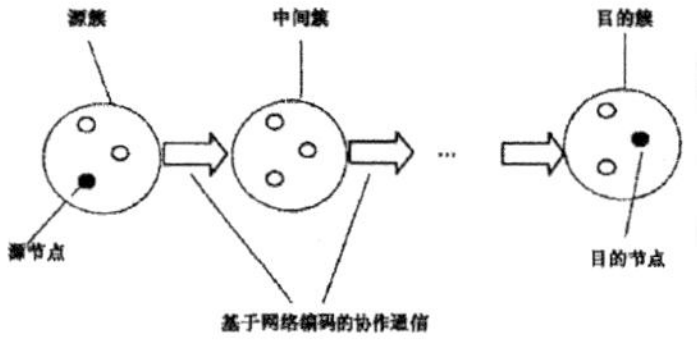

CN 103475453 A

图 1-2　典型的专利文件扉页

第二节 专利分析概述

一、专利分析的内涵

专利作为技术信息最有效的载体，囊括了全球90%以上的最新技术情报，且内容翔实、准确。因此，通过对某一行业内或某一技术分支内专利文献的分析，能够客观地了解专利总体态势、技术发展路线和主要竞争主体的研发动向和保护策略，从而为国家、地区、行业和企业制定技术创新战略、研发策略和竞争策略提供不可或缺的支撑①。

一般来说，专利信息是指一切与专利相关的活动所产生的信息的总和。专利信息大体上可以根据性质和是否出版分为“文献信息”（专利文献中记载的各种信息）和“非文献信息”（例如专利的许可和转让、质押融资等相关信息）。专利信息较之于其他类型的科技情报，具有规范、可靠、全面、及时的特点。

专利分析是指以某一技术领域的专利文献信息为分析样本，结合网络、报纸、期刊、学位论文等各类非专利文献信息，对该技术领域的专利技术的整体概况、发展态势、分布状况、竞争力量等内容进行多维度分析，以获取技术情报、法律情报和商业情报②。专利分析能将各种各样的信息孤岛进行整合加工，使它们由普通的信息上升为企业经营活动中有价值的情报，进而上升为能对竞争对手进行预测和评价的战略情报③。

我们常说的“导航”“分析评议”“预警分析”等，事实上均是专利分析的下位概念。专利分析是保障企业在竞争处于领先的有效措施和得力手段，是企业技术创新的重要内容，是企业更好地占领和开拓市场、获取竞争优势的重要手段。

---

① 杨铁军．专利分析实务手册［M］．北京：知识产权出版社，2012：3.

② 中国专利技术开发公司．中国专利深加工数据的评测及应用［M］．北京：知识产权出版社，2019：203.

③ 肖沪卫．专利地图方法与应用［M］．上海：上海交通大学出版社，2011：8.

二、专利分析的发展历程

专利分析的发展历程主要可以划分成3个阶段，即专利分析概念的形成阶段、学术研究阶段和工具实现阶段。

Seidel 于 1949 年第一个系统地提出专利引文分析的概念，他指出专利引文是后继专利基于相似的科学观点而对先前专利的引证。Seidel 同时还提出了高频次被引证专利技术相对重要性的设想。有些专利分析方法更侧重于对专利信息内部的深层次挖掘和对分析结果客观、准确的研究。如 Byungun Yoon 和 Yongtae Park 提出了一种把文本挖掘技术与联合分析、形态分析相结合的专利分析方法，利用专利信息发现新的、潜在的技术机会。

20 世纪 90 年代以后，随着信息技术、网络技术与专利数据库的不断发展和完善，专利分析法开始真正使用并应用于企业战略与竞争分析之中，各种分析体系也开始不断建立和完善。国外许多知识产权咨询机构都定义了不同的专利分析指标，比如美国摩根研究与分析协会（Mogee Research & Analysis Association）、汤森路透公司（Thomson Reuters）等。

随着计算机的普及以及信息技术和网络技术的发展，专利分析逐渐从手工处理过渡到计算机处理。

2015 年 12 月，《国务院关于新形势下加快知识产权强国建设的若干意见》（国发〔2015〕71 号文）（以下简称《意见》）印发。《意见》要求：建立重大经济活动知识产权评议制度。研究制定知识产权分析评议政策。完善知识产权评议工作指南，规范评议范围和程序。围绕国家重大产业规划、高技术领域重大投资项目等开展知识产权分析评议，建立国家科技计划知识产权目标评估制度，积极探索重大科技活动知识产权评议试点，建立重点领域知识产权评议报告发布制度，提高创新效率，降低产业发展风险。

《意见》中提到的“知识产权评议”就是一种专利分析。专利分析可以用于比较、评估不同国家或企业之间的技术创新情况、技术发展现状，以及跟踪和预测技术发展趋势，并以此为科学发展政策尤其是专利战略的制定提供决策依据。

三、专利分析的意义

专利分析在不断向经济、社会各个方面扩展和延伸，其应用领域非常广泛。在现阶段，专利分析的目的主要体现在以下几个方面。

（1）分析各行业专利技术现状及其发展趋势。

（2）更加准确及时地了解所属行业的发展状况和发展趋势，通过监测国内外某行业的专利数量和专利发展方向，预测市场的发展趋势。由于专利分析采用的是数据手段，往往比市场调查具有更加准确的预见性。

（3）分析具体技术领域的专利热点和空白区并实施专利预警。

（4）通过了解具体技术领域的专利分布状况，分析相关的专利布局，为企业的专利布局提供参考资料。找出具体技术领域的专利“雷区”，为企业专利预警服务。具有核心技术专利的企业可以进行核心专利分析，及时、准确地调整企业的专利布局战略。

专利分析的意义主要表现在以下几个方面。

（1）通过专利分析制定企业专利战略是保护我国国内市场和振兴民族工业的重要举措。

（2）通过专利分析制定企业专利战略是我国企业开拓国际市场、获得可持续发展的需要。随着经济全球化和知识经济时代的到来，在市场竞争尤其是国际市场竞争日趋激烈的形势下，要想有计划地针对市场和竞争对手制定实施战略性的专利部署，专利分析无疑是企业在竞争中赢得市场的重要措施。

（3）通过专利分析制定企业专利战略是我国企业有效地保护企业知识产权、防止无形资产流失的需要，专利作为财产已成为企业竞争的重要筹码，企业的许多科技成果均通过专利进行保护，以防止无形资产流失。

（4）通过专利分析制定企业专利战略还可以激发企业技术创新活力，是实现企业技术创新的重要保障。

（5）通过专利分析制定企业专利战略是解决企业专利与技术引进问

题、防止专利与企业经营脱节、增强企业活力的重要手段[①]。

（6）通过专利分析制定企业专利战略是落实我国专利战略推进工程的基础性工作，对于国家专利战略的实现具有重要的保障作用[②]。

---

① 杨端光，冯晓青．企业专利战略制定的若干问题探讨［J］．科技进步与对策，2007，24（011）：10－15．

② 杨端光，冯晓青．企业专利战略制定的若干问题探讨［J］．科技进步与对策，2007，24（011）：10－15．

第二章　专利分析的准备工作

第一节　行业调研和技术分解

一、行业调研

行业调研主要包括行业技术调研和行业现状调研。行业技术调研的主要目的是从行业发展的角度出发，通过资料收集、实地调研、专家咨询等形式，了解行业技术的发展历程，掌握行业的发展现状，预测行业的发展趋势。根据调研内容确定行业内亟须进行专利分析的技术及其重点技术分支，从而确定专利分析的整体研究方向，为后期撰写报告奠定良好的基础。行业现状调研的内容应当包括行业的发展历史和现状、产业链的构成情况、国内外市场概况、国内外主要企业概况、各国对该行业或者产业的相关政策等①。表 2－1 和表 2－2 分别展示了行业技术调研和行业现状调研的方法。

行业调研贯穿专利分析的整个过程，包括立项阶段、实施阶段和报告撰写阶段。不同阶段的目标不尽相同。立项阶段的目标主要是了解技术背景和行业发展情况，从而选择合适的对象范围进行研究。实施阶段的目标主要是针对研究过程中所遇到的技术问题、研究方法和研究内容进行调研，从而保证研究方向的正确性。报告撰写阶段的目标主要是对研究的结

---

① 杨铁军. 专利分析实务手册［M］. 北京：知识产权出版社，2012：16.

论进行验证，从而保证结论的客观性。

表 2－1 行业技术调研的方法

调研形式	方法	特点
资料查阅	阅读专利文献、非专利文献、行业标准、行业分析报告以及新闻报道等	简单易行、资料丰富；但信息质量良莠不齐，需大量时间分析整理
实地调研	根据行业发展情况选择调研对象。初期选择行业协会或科研机构等，后期选择企业	认知直观、信息准确；但成本较高、调研对象选取困难
问卷调研	选择典型的研发主体作为调研对象，保证问卷回收率，提取共性问题和差异问题	针对性强、成本低；但问卷制作耗时，结果分析整理困难
专家座谈	结合行业的特点选取权威专家，包括工程师、研究人员、协会标准委员会成员、技术/知识产权主管部门人员	信息权威、指导性强；但组织座谈难度大、成本高
电话/视频调研	时间和对象灵活选定，在内容更新和更正的节点实时举行	方便快捷；但信息量较少、信息分享困难

表 2－2 行业现状调研的方法

目标	方法
行业历史和现状	收集书籍、互联网综述类文章和相关的论文，通过综合整理获得完整的行业发展历程
产业链	通过互联网（如行业协会网站）获取相关信息，或与行业协会、联合会接洽
市场概况	来自互联网的相关数据统计信息、部分上市公司的年报、行业年鉴等。行业年鉴中的数据比较全，尤其是针对国内市场的数据统计，其不足之处在于数据具有一定的滞后性，但是可以综合近几年的年鉴数据获得发展趋势的变化信息

二、专利技术分解

专利技术分解是根据专利文献的分布，对分析对象按照不同的分类方法进行划分的一种手段。

专利技术分解的目的是：了解行业整体情况，便于专利检索和后续的数据处理，归纳研究重点。

专利技术分解的分类标准主要包括：专利分类标准、行业分类标准、综合分类标准、学科分类标准。

专利技术分解的操作流程主要包括：了解技术概况和发展动向、逐级分解技术主题、行业专利技术分解的调整、行业专利技术分解的评价。

专利技术分解的评价原则主要包括：便于进行专利文献检索，各技术分支定义准确，定义之间边界清楚，便于检索和标引。同时需要符合行业习惯，各技术分支之间的上下级关系和同级之间的关系符合行业习惯，并且突出重点。

技术分解表是在充分了解技术主题的概况和发展动向的基础上，对技术主题进行逐级分解后形成的。表 2 -3 为典型的技术分解表示例，表 2 -4为典型的技术术语定义表示例。技术分解表从不同层级显示该技术主题的主要内容和结构。与技术分解表共同出现的还有技术术语定义表，用于解释技术分解表中的一些特殊的专有或自定义词汇。

在技术分解表的制定过程中应特别注意格式、层级、逻辑和内容方面的规范性，要选取合适的专利文献的分类边界，控制合理的数据量并在前期完成边界的调整。在确定边界时，应当充分考虑行业习惯、专利数据检索便利性等因素，避免对技术分支反复修改。图 2 -1 展示了典型的按产业链分类的技术分解表示例，表 2 -5 展示了典型的按技术分类的技术分解表示例。

表 2 -3　技术分解表示例①

系统划分	技术分支
废弃整机拆分	电视机拆分
	电脑拆分
	冰箱拆分
	空调拆分
	洗衣机拆分
	显示器

① 中国循环经济协会，国家知识产权局专利局专利审查协作广东中心．废弃电器电子产品处理产业专利导航研究报告［M］．北京：知识产权出版社，2018：12.

续表

系统划分	技术分支
废弃线路板	破粉处理
	分选
	热处理
	金属回收
废弃阴极射线管	玻屏处理
	荧光物质回收
	铅金属回收
废弃制冷系统	制冷及相关物回收
废弃电池	破碎处理
	金属回收
废弃液晶	液晶处理

表 2－4　技术术语定义表示例

技术分支	定义
等离子体产生装置	在等离子体刻蚀反应腔内，用于将反应气体激发到等离子体状态的核心部件
腔体	是指反应腔自身壳体以及与其相连的起到自身壳体作用的结构，包括腔体的形状和材料
电极组件	是指包括上、下电极以及第三电极在内的电极，用于控制电极温度的温度控制装置
……	……

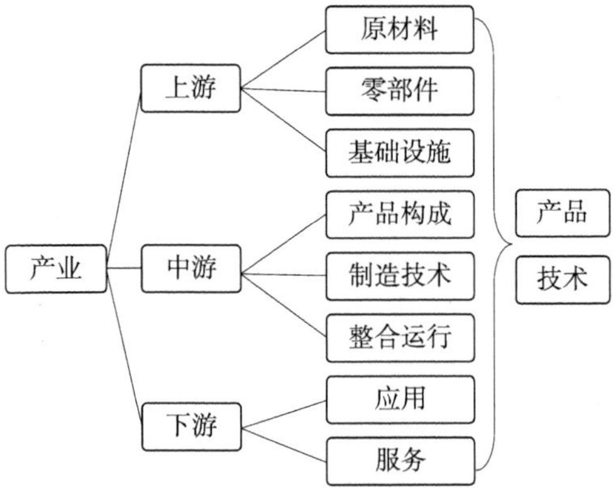

图 2－1　按产业链分类的技术分解表示例

表 2-5 按技术分类的技术分解表示例

一级分支	二级分支	三级分支
秸秆综合利用技术	肥料化	直接还田
		腐熟还田
		生物反应堆
		堆沤还田
	饲料化	秸秆青（黄）贮
		秸秆碱化/氨化
		秸秆压块饲料
		秸秆揉搓丝化加工
	原料化	秸秆人造板材生产
		秸秆复合材料生产
		秸秆清洁制浆
		秸秆木糖醇生产
	燃料化	秸秆固化成型技术
		秸秆炭化
		秸秆沼气生产
		秸秆纤维素乙醇生产
		秸秆热解气化
		秸秆直燃发电
	基料化	——

第二节 专利分析检索

一、专利分析检索概述

专利分析检索的根本目标是获得全面、准确的数据集合，为进一步深入分析提供扎实的数据基础，使数据能够真实、完整地反映出分析对象的发展历程。

1. 专利分析检索的特点

（1）检索对象的抽象性。

专利分析中的检索抽象而宽泛，很多检索对象（内容）仅仅是一个标题，例如“5G”“手机”“废弃资源”，并没有对其具体结构、组分或是功能进行限定。

（2）检索对象的层次性。

在进行专利分析时，需要先进行项目分解，由于可能存在多级分解，从而导致检索对象具有层次性。越高层次的分解单元，检索的对象越宏观、越抽象；越低层次的分解单元，检索的对象越微观、越具体。宏观的检索对象所覆盖的文献数量较大，其检索结果往往用于进行历年趋势分析、申请人分析、申请国家/地区分布等数据的分析。而微观的检索对象所覆盖的文献数据量较小，其检索结果往往需要进行深入阅读和标引，用于分析其中的具体技术点分布、技术走向、侵权风险等。因此，需要结合不同的检索目的对不同层次的检索对象进行检索。

（3）检索对象与分类号之间的错位。

最经常使用的检索手段包括分类号和关键词，但由于关键词的“言不尽意”，检索时通常需要使用到分类号。但是，由于上面所说的专利分析检索对象的抽象性特点，检索对象与分类号之间出现了错位。众所周知，无论是哪种分类体系，其分类表中的分类号都是越来越细分的，这与抽象的专利分析检索对象是不相适应的。例如，在针对“高端光刻机”进行检索时，无论是国际专利分类体系（IPC）、欧洲专利分类体系（ECLA）、日本专利分类体系（FI/F - term），还是美国专利分类体系（USPC）等，都不存在一个专门针对“高端光刻机”的分类号，也不存在针对“应用于高端光刻机的照明系统”或“应用于高端光刻机的投影系统”的分类号，甚至不存在“应用于高端光刻机的 EUV 技术”的分类号。因此，在检索时，往往需要从众多分类号中选择出许多“疑似”相关的分类号，再通过关键词等其他手段进一步筛选，以获得所需要的文献。①

---

① 扈燕．浅谈专利分析检索方法［J］．审查业务通讯，2011，18（8）：41.

（4）检索结果的全面性与准确性兼顾。

专利分析对检索结果的要求是全面性与准确性兼顾。专利分析的检索中往往希望尽可能全面地囊括所有涉及研究对象的文献，又尽可能少地引入无效文献。但是，由于检索结果的全面性和准确性本身就是一对矛盾体，在使用机器检索而非人工筛选的情况下，过度追求全面性，就会导致准确性的降低，而过度追求准确性，又会导致全面性的损失。因此，在检索时需要权衡得失，兼顾全面性和准确性。

（5）检索数据的时效性。

在专利分析的检索中，需要考虑检索数据的时间因素，检索结果应具有时效性。例如，专利文献申请日与公开日的差异、数据库收录文献的延迟等因素导致临近检索截止日前几年内的检索数据不够全面；并且由于数据库文献在持续更新，导致在不同的时间检索到的文献量可能不同等。因此，专利分析的检索结果具有时效性，不同时间的检索结果可重复性较差。

2. 专利分析检索的原则

（1）查全率。

上面提到专利分析的检索中对全面性的要求，就体现在查全率上。为此，要求在检索中所选择的分类号足够全面，不能随便丢弃可能包含有效文献的分类号。同时，还要求考察关键词的引入是否错误排除了过多的有效文献。必要时，需要增加申请人（特别是重点申请人）等关键词，进行补充检索。

（2）查准率/噪音率。

与查准率相对应的，就是噪音率。为了尽可能降低噪音率，就需要考虑在引入某一关键词过滤之后，是否仍遗留了较多的无效文献，是否还需要增加关键词进行进一步限定，或者替换为更精确的关键词。

（3）适时终止。

考虑到兼顾检索的全面性和准确性的要求，在有限的时间和人力投入的情况下，不可能无止境地追求全面性和准确性。可以通过抽样的方式对查全率和噪音率进行评价。例如，可以按照时间（如申请日、公开日、优先权日等）进行抽样，也可以按照重点申请人进行抽样等。当通过抽样的手段检查到查全率和噪音率都达到可接受的范围时，就可以终止检索。

查全率的计算公式为：R = num（P∩S）/num（P）。其中，R 为查全率，P 为查全样本文献集合，S 为待评估的文献集合，P∩S 表示 P 与 S 的交集。P 集合中的每一篇文献都必须与要分析的主题相关，即有效文献。构建 P 必须满足两个因素：①必须给予与查找 S 所使用的完全不同的检索要素来构建；②有合理的样本数。

查准率的计算公式为：P = num（S′）/num（S）。其中，P 为查准率，S 为待评估的文献集合中的抽样，S′为 S 中与分析主题相关的专利文献。S 的抽样规则：①随机性；②合理的样本容量。混合抽样按以下要素进行：时间、技术分支、申请人或发明人、国家/地区分布。

二、专利分析检索的实施

1. 专利分析检索的基本流程

专利分析检索的基本流程主要包括以下 4 个步骤。

（1）检索系统及数据库的选取。

可根据技术领域和数据库的特点、技术发展阶段、目标文献的可能国别、专利申请文献特点、研究目的等选取检索系统和数据库。

（2）设计检索要素、构建检索式。

以分类号和关键词为主，必要时以申请人、发明人作为补充检索要素。

（3）调整检索策略和数据库。

根据已获得数据的基本情况，灵活调整检索要素，并更换检索数据库。

（4）终止检索。

综合考虑查全率和查准率，考量预期文献量在可读范围内等因素，从而终止检索。

2. 专利分析检索的注意事项

（1）在开始专利分析检索之前需要进行充分的准备，了解技术背景、行业现状和基本技术知识等。

（2）检索需要紧密结合研究的目的，考虑研究的重点是什么，明确侧重研究的是在国内提出的申请还是在国外提出的申请；针对的是国内申请人还是国外申请人提出的申请；研究的对象所处的开发阶段，是已经实现产业化还是仅仅是进行样机研发；是否涉及出口等。例如，对于已经产业化的行业、国家重大专项、产业链上的关键技术、重要品牌等，由于可能面临更高的知识产权风险或更多的知识产权纠纷，或者一旦面临知识产权风险或纠纷将造成较大的损失和影响等，都可能作为研究的重点。

（3）在选择检索所使用的数据库时，需要关注多个方面的因素。

①不同数据库文献收藏、字段标引、同族数据库标引等方面的不同特点。例如，在德温特世界专利索引数据库（DWPI）中，收录的中国台湾文献可能不全；中文数据库的文献量相对较少，但是中文文献，便于浏览；专利检索与服务系统（S 系统）中新增了大量数据库，各数据库中数据的收录和标引情况各不相同。又如，不同数据库中所使用的表达同一术语的关键词可能不同；中文数据库的分类号不够准确，术语千差万别，同一申请人的名称可能不一致（尤其是国外申请人）；不同数据库的标引字段各具特色，例如 DWPI 中的公司代码（CPY 字段）、不同数据库标引了隶属于不同分类体系的分类号等。另外，DWPI 中将同族数据作为一个数据项进行标引，一族数据对应的是一项专利技术；而在其他数据库中，一般按照单件申请进行标引。一项专利技术可能同时在多个国家或地区提出申请，从而产生多件专利申请，因此，是按照“族数据”进行统计还是按照专利申请件数进行统计，会导致统计结果在数量上的差异。

②由于语言上的差异、摘要改写情况的不同、是否重新给定分类号以及文献收录情况的不同等因素，造成不同数据库的检索结果可能难以相互对照。例如，中文库中检索到的中文文献数量可能不等于外文库中检索到的 CN 文献数量。

③可能还需要针对重点申请人或相关技术领域研发活跃的国家/地区选择检索数据库。例如，如果需要重点分析中国申请人的申请，或者某一技术在中国的研发比较活跃，就可能需要专门使用诸如 CNBS 之类的数据库进行检索。

④还需要根据导出数据的要求确定最终检索结果合并与导出的数据库。例如，如果需要对 CPY 字段进行分析，就需要从 DWPI 中导出最终结果。

（4）在选择检索所使用的分类体系时，需要关注不同分类体系的特点。

一方面，需要考虑分类体系的不同分类角度和文献的再分性等。例如，FI/F－term属于多角度分类的分类体系，而ECLA在每次增加细分时都将文献重新进行分类。另一方面，与选择数据库类似，在选择不同的分类体系时，同样需要考虑重点申请人、相关技术领域研发活跃的国家/地区等因素。

（5）在进行专利分析的检索时，需要谨慎选择分类号。如上所述，为了确保检索结果的全面性，要求分类号的选择尽可能全面，不轻易舍弃分类号。鉴于中文数据库文献的分类号不够准确，建议在中文数据库中进行检索时，尽可能选择上位的分类号。对于分类号的理解，如果不是熟悉的领域，可以通过抽样阅读具体分类号下的文献来理解分类号类名的具体含义，以免造成理解上的偏差。

（6）在进行专利分析的检索时，还需要谨慎选择关键词。注意关键词的同义词、同根词、常用异形字、常用缩写等，并且可以从已检索到的文献中积累关键词。但是，在引入某些关键词时，可能需要检查文献的查全率和噪音率，以判断该关键词的引入是否合适。

（7）必要时，在数据量不太大的情况下，还可通过“粗略检索＋人工筛选”的方式进行检索。例如，前文提到的在中文数据库中的检索，由于其文献的分类号不够准确，术语也不够统一，仅通过机器检索难以满足查全率和查准率的要求，但是鉴于其文献量不算太大，又是中文母语，便于浏览，因此可以考虑采用“粗略检索＋人工筛选”的方式，先通过分类号与关键词检索，划出大致的检索范围，再通过人工筛选的方式，进行更精确的检索，以达到满意的效果。

（8）在专利分析的检索过程中，还需要注意记录检索过程/检索式列表，便于后续工作的开展。保留下的记录能够为后续工作节约大量时间。

3. 专利分析检索数据库

（1）国内外主要公益性专利检索分析数据库和专利检索平台。

目前，各国都建立了专利数据库和专利检索平台，为公众提供完整的专利文献资源和基本的专利检索服务。表2－6列出了常见的公益性专利数据库和专利检索平台。表2－7对比分析了国内外主要的专利数据库和专利检索平台，数据来自相关网站，其中的中国国家知识产权局专利检索及分析系统、专利之星检索系统、专利信息服务平台，以及美国专利商标局专利检索平台、韩国工业产权信息服务中心基本都支持简单检索以及高级检索，涵盖关键词、发明名称、主题词、IPC、类型、公开日/号、申请号、摘要、申请人、发明人、优先权日/号、权利要求、说明书、代理机构、申请人所在国、法律状态等字段。此外，美国专利商标局专利检索平台还支持美国分类号、被引用文献、外国参考文献、PCT 信息等字段的检索。

表 2-6 公益性专利数据库和专利检索平台

区域	名称	网址
国内	国家知识产权局专利检索及分析系统	https：//pss - system. cponline. cnipa. gov. cn/
	专利之星检索系统	http：//www. patentstar. cn/
	专利信息服务平台	http：//search. cnipr. com/
	上海市知识产权信息服务平台	http：//www. shanghaiip. cn
	广东省知识产权信息公共服务综合平台	https：//gpic. gd. cn/
	江苏省知识产权大数据检索分析平台	http：//bigdata. jsipp. cn/html/search. html
	北京市知识产权公共信息服务平台	http：//www. beijingip. cn/
国外	美国专利商标局专利检索平台	http：//patft. uspto. gov/
	欧洲专利局案卷信息查询网站	http：//worldwide. espacenet. com
	日本特许厅案卷信息查询网站	https：//www. j - platpat. inpit. go. jp/
	世界知识产权组织专利检索系统	http：//patentscope. wipo. int/
	韩国工业产权信息服务中心	http：//www. kipris. or. kr/enghome/main. jsp
	德国专利法律状态查询网站	https：//register. dpma. de/DPMAregister/pat/basis
	印度专利检索平台	http：//ipindiaservices. gov. cn. in/publicsearch
	澳大利亚专利检索平台	https：//www. ipaustralia. gov. au/
	奥地利专利检索平台	http：//www. patentamt. at/

续表

区域	名称	网址
国外	俄罗斯联邦专利检索平台	https：//www. fips. ru/en/
	法国专利法律状态和判例数据库	https：//base – jurisprudence. inpi. fr/cindocwebjsp/
	英国专利检索平台	http：//www. ipo. gov. uk/p – ipsum. htm
	新加坡专利检索平台	https：//digitalhub. ipos. gov. sg/FAMN/process/IP4SG/MN_ Index

表 2 –7　国内外主要专利数据库和专利检索平台对比

区域	名称	收录范围与更新周期	基础分析	高级分析	是否免费
国内	国家知识产权局专利检索及分析系统	103 个国家、地区和组织，超过 1 亿条专利数据；每周更新	支持申请人分析、发明人分析、区域分析、技术领域分析、中国专项分析等	支持列表分析、引文分析、企业分析、矩阵分析等	高级分析收费，其他免费
	专利之星检索系统	98 个国家，超过 8000 万条数据；每月更新	不支持	支持专利预警分析	高级分析收费，其他免费
	专利信息服务平台	98 个国家和地区，1 亿多条专利数据；每周更新	支持趋势分析、区域分析、申请人分析、IPC 分析、发明人分析、专项分析	支持自定义分析、引证分析	基础以及高级分析收费，其他免费
国外	美国专利商标局 专利检索平台	美国 1790 年发布第一号专利以来，所有美国专利的全文信息；每周更新	不支持	不支持	免费

续表

区域	名称	收录范围与更新周期	基础分析	高级分析	是否免费
国外	欧洲专利局案卷信息查询网站	100 多个国家和地区，超过1亿件专利文献；每月更新	不支持	不支持	免费
	日本特许厅案卷信息查询网站	日本自 1885 年以来公布的所有发明、实用新型和外观设计专利；每两周更新一次	不支持	不支持	免费
	世界知识产权组织专利检索系统	世界范围内通过 PCT 申请的专利，超过 1 亿条数据；每周更新	不支持	不支持	免费
	韩国工业产权信息服务中心	韩国 1948 年以来公告的发明、实用新型和外观设计专利数据，以及自 1983 年以来公开的发明、实用新型和外观设计专利；每天更新	不支持	不支持	免费

注：

1. 欧洲专利局案卷信息查询网站支持智能检索、高级检索以及分类号检索，涵盖名称、摘要、公开号、申请号、公开日、申请人、发明人、欧洲专利分类、国际专利分类等字段。

2. 日本特许厅案卷信息查询网站支持 12 组检索式输入，每组有两个检索字段构成，分别是专利文件种类代码（kind code）和号码（number），两者必须同时填写；各组检索式之间为“或”的关系。

3. 世界知识产权组织专利检索系统支持简单检索、高级检索、结构检索，涵盖扉页内容、全文、英文文本、号码、国际分类号、专利名称、日期等字段。

（2）国内外主要商业性专利检索分析数据库。

本书对当前市场主要的商业性专利检索分析数据库进行了统计，对其收录范围、更新周期、语言检索功能的实现、高级分析模块以及是否收费等情况进行介绍。表2－8列出了主要商业性专利检索分析数据库对比，表2－9列出了常见的商业性专利检索分析数据库的网址，由于数据库和检索平台更新速度较快，对比结果与读者实际正在使用的部分功能会有差异。

表2－8　主要商业性专利检索分析数据库对比

名称	收录范围与更新周期	语义检索	高级分析	收费情况
智慧芽全球专利数据库	100多个国家，1.2亿条专利数据；每周更新一次	支持	支持3D专利地图、专利价值分析、图像检索、法律信息、引用分析等	收费
incoPAT系统	112个国家/组织/地区，1亿余件专利信息；每周更新四次	支持	支持3D专利地图分析、专利预警分析、引证分析、同族专利分析、诉讼信息分析、法律信息分析、专利价值分析、支持自行标引、文本聚类分析等	收费
soopat系统	108个国家和地区，超过1.3亿件专利文献；更新周期不详	不支持	支持同族专利分析、引用分析、法律状态检索、复审无效检索	高级分析收费，其他免费
Patentics系统	世界主要国家，超过7000万条专利数据，以及120多个国家和地区的去重处理后的超过5000万条专利摘要数据	支持	支持引用分析、同族专利分析、专利价值分析、技术功效分析、自定义分类、专利攻防分析、雷区专利分析、专利运营分析、专利池分类检索分析、数据透视分析、文本聚类	收费

续表

名称	收录范围与更新周期	语义检索	高级分析	收费情况
佰腾系统	103 个国家和地区，超过 1.2 亿件专利文献；每周更新一次	不支持	支持专利引证分析、法律信息（转让、许可、质押、海关备案、复审、无效等）分析等	检索免费、其他收费
德温特世界专利创新索引系统	100 多个国家专利授权机构经人工标引的标准化数据，超过 7000 万条专利数据，以及收录全球 17000 多种具有较高影响力的权威学术期刊；每周更新	支持	支持自定义标引、专利预警与监控、专利地图、文本聚类分析、引证分析、法律状态分析、同族专利分析等	收费

注：上表数据均来自相关网站，上述系统均支持基础检索、基础分析，包括申请趋势分析、申请人分析、发明人分析、区域分析、IPC 分析等。

表 2-9 常见的商业性专利检索分析数据库

数据库名称	网址
智慧芽全球专利数据库	https：//www. zhihuiya. com/
incoPAT 系统	http：//www. incopat. com
soopat 系统	http：//www. soopat. com/
Patentics 系统	https：//www. patentics. com/
佰腾系统	http：//www. patexplorer. com/
德温特世界专利创新索引系统	https：//clarivate. com/derwent/zh - hans/solutions/derwent - world - patent - index - dwpi/
LexisNexis TotalPatent One	https：//www. lexisnexisip. com/solutions/patent - search/
PatBase	http：//www. patbase. com/login. asp
PatSeer	http：//patseer. com/
Lens	https：//www. lens. org/lens/

三、专利分析检索的特殊约定

1. 同族专利约定

在做全球专利分析时，存在一项发明创造在不同国家进行申请的情况，这些发明内容相同或相关的申请被称为专利族。优先权完全相同的一组专利文献称为狭义同族。具有部分相同优先权的一组专利文献称为广义同族。通过某个中间纽带把本来优先权完全不同的两组专利文献聚集到一起称为交叉同族。专利分析中的同族专利指的是交叉同族，一项专利指的是一组交叉同族。一般的数据库中采用 FN 字段表示交叉族号。因此，任意两件专利申请是否属于同族专利的判断依据就是看这两件专利申请的 FN 字段号是否相同。对申请量项数的统计实际上就是统计不重复的 FN 数量。在数据整理时，就将具有相同 FN 字段号的专利申请进行去重、合并处理。

当向世界上任何一个国家或地区的专利局提交专利申请时，申请人将获得独一无二的专利申请号以及确定的专利申请日。因此，专利申请量件数的统计实际上就是计数检索结果中不重复的专利申请号的数量。一个专利申请号代表一件专利申请，专利申请号前两位英文字母是专利申请受理局的标志。例如，申请号 CN20091010243 的受理局为 CN（中国）。作为特例，早期 SU（苏联）被并入到 RU（俄罗斯），而 EP（欧洲专利局）、DE（联邦德国或德国）、FR（法国）和 ES（西班牙）被认为属于欧洲地区。每个专利族中最早优先权所属国家或地区就是这项专利技术的技术发源地，最早优先权为一个专利族中优先权日最早的那个优先权，以最早优先权号的前两位（例如 US）确定最早优先权国别。

2. 申请人/发明人名称约定

在一般的数据库中，PA 字段记录了申请人名称，而 CPY 字段记录了德温特公司给出的公司代码①。在专利检索时，需要对一部分重要申请人的表述进行约定，一是由于中文翻译的原因，同一申请人在不同的中国专

① 刘秋宏．德温特专利权人代码编制研究及检索应用［J］．科技创新导报，2013（4）：5－8．

利申请中表述可能不一致；二是力求申请人统计数据的完整性、准确性，将一些公司的子公司专利申请合并统计；三是基于图表标注的需要，简化申请人名称。表 2－10 展示了几种申请人/发明人合并名称的示例。

表 2－10　申请人/发明人名称约定示例①

合并名称	原始名称	合并名称	原始名称
格林美	深圳市格林美高新技术股份有限公司	广东邦普	广东邦普循环科技有限公司
	深圳市格林美高新技术有限公司		广东邦普循环科技股份有限公司
	武汉格林美资源循环有限公司		湖南邦普循环科技有限公司
	荆门市格林美新材料有限公司		佛山市邦普镍钴技术有限公司
	江西格林美资源循环有限公司		佛山市邦普循环科技有限公司
湖南万容	湖南万容科技股份有限公司	博世	博世有限公司
	湖南万容科技有限公司		罗伯特·博世有限公司
	郴州万容金属加工有限公司	美的	美的集团股份有限公司
	汨罗万容电子废弃物处理有限公司		广东美的暖通设备有限公司

表 2－11 举例说明在德温特数据库中主要申请人的 CPY 与其统一申请人名之间采用的一一映射关系，在专利分析时要特别注意。

表 2－11　申请人的 CPY 与统一申请人名映射关系示例②

约定名称	德温特公司代码（CPY）	对应的英文公司名称
三菱公司（日本）	MITO，DAIE，MITR，MITQ，MISQ，MITU，MITS－N，MITV，MITP，MITM，MITN，MISD，MEPC，MITY，MITS，MTAC	MITSUBISHI CHEM CORP MITSUBISHI RAYON CO LTD MITSUBISHI PLASTICS IND LTD MITSUBISHI ELECTRIC CORP MITSUBISHI JUKOGYO KK MITSUBISHI HEAVY IND ENVIRONMENT & CHEM MITSUBISHI HEAVY IND ENVIRONMENT ENG CO MITSUBISHI HEAVY IND CO LTD MITSUBISHI GAS CHEM CO INC MITSUBISHI FUSOU TRUCK BUS KK

① 中国循环经济协会，国家知识产权局专利局专利审查协作广东中心．废弃电器电子产品处理产业专利导航研究报告［M］．北京：知识产权出版社，2018：14.

② 中国循环经济协会，国家知识产权局专利局专利审查协作广东中心．废弃电器电子产品处理产业专利导航研究报告［M］．北京：知识产权出版社，2018：15.

续表

约定名称	德温特公司代码（CPY）	对应的英文公司名称
三菱公司（日本）	MITO，DAIE，MITR，MITQ，MISQ，MITU，MITS-N，MITV，MITP，MITM，MITN，MISD，MEPC，MITY，MITS，MTAC	MITSUBISHI MOTOR CORP MITSUBISHI KASEI ENG KK MITSUBISHI ENG-PLASTICS CORP MITSUBISHI KASEI CORP MITSUBISHI KAGAKU POLYESTER FILM KK MITSUBISHI POLYESTER FILM GMBH MITSUBISHI KASEI VINYL KK MITSUBISHI MATERIALS CORP MITSUBISHI CHEM MKV CO MITSUBISHI PETROCHEMICAL CO LTD MITSUBISHI CHEM AMERICA INC MITSUBISHI PETROCHEMICAL CO LTD MITSUBISHI SHOJI PLASTICS CORP MITSUBISHI ENG PLASTICS KK MITSUBISHI SHINDO KK MITSUBISHI PAPER MILLS LTD MITSUBISHI CABLE IND LTD MITSUBISHI OIL CO MITSUBISHI NAGASAKI KIKO KK
日立公司（日本）	HITF，HITM，HITA-N，HITA，HIST，HITB，HITD，HITJ，HITH，HISD，HITT，HDIS，HITG，HITK	含有 HITACHI 的： HITACHI MAXELL KKHITACHI HIGASHI SERVICE ENG KK HITACHI LTD HITACHI TECHNO ENG CO LTD HITACHI CHEM CO LTD HITACHI CABLE LTD HITACHI ZOSEN CORP HITACHI ZOSEN SANGYO KK HITACHI CONSTR MACHINERY CO LTD HITACHI HOMETEC LTD HITACHI ENG CO LTDHITACHI DISPLAY DEVICES KKHITACHI DEVICE ENG CO LTDB-ABCOCK-HITACHI KK

续表

约定名称	德温特公司代码（CPY）	对应的英文公司名称
东芝公司（日本）	TOKE，TOSA，TOSF，TOSI，TOSM	以 TOSHIBA 开头的： TOSHIBA KK TOSHIBA PLANT KENSETSU KK TOSHIBA CORPTOSHIBA AVE KK TOSHIBA MACHINE CO LTD TOSHIBA CERAMICS CO TOSHIBA CHEM CORP TOSHIBA GE AUTOMATION SYSTEMS KK TOSHIBA CONSUMER MARKETING KK TOSHIBA KADEN SEIZO KK TOSHIBA SILICONE KK
松下（日本）	MATU，MATW，MATK，MATJ，KUBI，MATS-N	含有 MATSUSHITA： MATSUSHITA DENKI SANGYOKKMATSUSHITA ELECTRIC WORKS LTD MATSUSHITA ELECTRIC IND CO LTD MATSUSHITA ELEC IND CO LTDMATSUSHITA SEIKO KK MATSUSHITA REIKI KK KUBOTA MATSUSHITA DENKO GAISO KK MATSUSHITA ECOTECHNOLOGY CENT KK 或者 PANASONIC CORP
丰田（日本）	TOYT，TOYW，TOZS，TOYO-N，	TOYOTA JIDOSHA KK TOYOTA CHUO KENKYUSHO KKTOYOTA KAGAKU KOGYO KK TOYOTA KAKO KK TOYOTA KOSAN KK TOYOTA GOSEI KYUSHU KK TOYOTA SHATAI KK
夏普公司（日本）	SHAF	SHARP KK

在做申请人申请量统计时，对于一项专利有多个申请人的情况，采用的是简单分别计数的方式。即若有两个申请人，则每个申请人各增加一项专利技术。需要指出的是，共同申请人是指在一项专利中的共同申请人，

他们可能并未共同提交一件专利申请。

3. 近期数据不完整的约定说明

专利检索统计的专利申请量比实际的专利申请量要少，这是由于部分数据在检索截止日之前尚未在相关数据库中公开。例如，PCT 专利申请可能自申请日起 30 个月甚至更长时间之后才进入国家阶段，从而导致与之相对应的国家公布的时间更晚；发明专利申请通常自申请日（有优先权的，自优先权日）起 18 个月（要求提前公布的申请除外）才能被公布；实用新型专利申请在授权后才能获得公布，其公布日的滞后程度取决于审查周期的长短等。

一般来说，在专利检索时，还会对一些特殊的名词进行约定，以下列举了部分约定名称。

欧洲（EP）：包括欧洲专利局（EPO）下属 38 个国家和地区，在数据统计时，将这 38 个国家和地区的申请人国籍全部以欧洲籍（EP）计，但不改变申请号和公开号中的国家代码。

中国各省市（CN）：中国各省、直辖市和自治区，不包括香港特别行政区和澳门特别行政区①。

合作申请：具有两个及两个以上申请人的专利申请。

多边专利申请：本书所提到的多边专利申请是指同时在三个或三个以上国家申请专利。

失效专利：指已取得专利权但专利权已经终止的专利。

有效专利：指已取得专利权且专利权尚未终止的专利。

授权率 = 授权的发明专利数量/发明专利申请量。由于实用新型不经过实审，授权率接近 100%，故该指标不用于评价实用新型。

维持期限：对于失效专利，该期限起止日期定义为申请日至专利权终止日期；对于有效专利，该期限起止日期定义为申请日至法律状态查询日。

---

① 中国专利数据库中将大陆与台湾地区提交的专利申请的来源地均标引为 CN，为方便起见，本报告中不对其进行特别区分，即中国专利数据分析包括了台湾地区的数据。

第三节 数据加工和处理

数据加工和处理是指完成专利检索后，对结果进行清理、加工、整理并得到专利分析样本数据库的过程。数据加工和处理是进行专利分析的基础，一般来说包括数据采集、数据清理、数据标引三个基本步骤。数据采集包括采集字段的选取和数据格式转化等；数据清理包括数据除噪、数据去重及数据项规范化等；数据标引包括常规字段标引和自定义字段标引等。

数据加工和处理的第一步是数据的采集，之后的数据清理与数据标引在实际操作中经常交叉进行，其顺序可以根据实际情况来进行选择。数据加工和处理是专利分析流程中的一个重要环节，并且需要投入较大的人力、物力和时间。因此，在开始数据加工和处理时，就应当根据专利分析的实际人力、物力和时间等资源状况，制定合理的数据处理策略与要求。

一、数据采集和清理

1. 数据采集

数据采集的过程主要分为三个步骤：确定需要采集的字段、列出检索结果中相关的字段、将检索结果导出并保存为需要的文件格式①。

专利分析中数据采集字段的选取可以从以下几个方面来考虑：①与专利文献日期相关的字段；②与专利文献技术内容相关的字段（比如发明名称、说明书摘要、独立权利要求等）；③与专利文献分类（号）相关的字段；④与专利文献的法律状态相关的字段；⑤与专利文献的区域相关的字段（比如国别、省别等）；⑥与专利文献申请人、发明人、代理人相关的

① 朱欣昱，刘琦．浅谈数据加工为专利分析带来的变化［J］．中国发明与专利，2017(04)：65－68．

字段；⑦与专利文献的其他著录项目相关的字段（比如权利要求数量、说明书附图数量）等。

2. 数据清理

数据清理是指对采集到的数据进行数据项内容上的统一、修正和规范，便于后续标引与分析。不同的数据库和不同的国家或地区在专利著录项目录入时可能会存在以下问题：①标引不一致；②语言表达习惯不同；③数据输入出现错误；④部分著录项目内容缺失；⑤未区分重复专利或同族专利等。上述问题会造成原始数据格式和内容的不一致，会在一定程度上影响后续数据统计分析的准确性。因此，需要在数据采集之后对数据进行清理，包括合并去重、去噪以及规范化处理等。①

在实际操作中，数据清理主要包括数据去噪、数据合并去重和数据项规范化三部分内容。数据去噪：依据专利技术分解表所划定的技术边界，通过计算机检索和/或人工阅读等手段，去除检索到的数据中属于该技术边界以外的噪声文献。常用的方法主要包括检索批量除噪和人工阅读除噪等。数据合并去重：在对从不同数据库中检索到的数据集进行合并时，去除其中的重复专利文献和/或合并同族专利文献。数据项规范化：对原始数据源的部分或全部数据项的格式和/或内容进行规范化处理。通过修正错误和统一格式等使采集的专利数据符合后续的统计分析以及相应专利分析工具的需求。数据项规范化的内容主要包括：分类号规范化、日期格式规范化、公开号规范化、申请人国别规范化、申请人/发明人名称规范化、关键词规范化、说明书摘要等信息的补充。

一般而言，数据去噪过程包括计算机检索批量去噪和人工逐篇阅读去噪两种方式。逐篇去噪是通过人工阅读每篇文献的摘要或者全文发现噪声文献并予以去除。人工阅读去噪的特点是效率低，只能单篇去噪，但准确率较高，一般在批量去噪之后进行。

批量去噪主要包括以下几种方法。

关键词检索去噪。通过分析与检索主题不相关的噪声文献，寻找噪声文献中出现频率较高的关键词或关键词组合，将其作为检索要素可检索出

① 杨铁军．专利分析实务手册［M］．北京：知识产权出版社，2012：74.

疑似噪声文献。例如，在有色金属领域采用“金”进行检索，会产生大量的关键词（金属、金融……），造成较大的干扰，此时可以通过在结果中检索“金属”“金融”等关键词，将其统一删除，达到去噪的目的。

分类号检索去噪。其要点在于统计分析各分类号下的噪声率，针对不同噪声率的分类号使用不同的策略去噪。例如，在对注塑领域进行专利分析时，按照主分类号排序，B29C11/00 排第一，有 900 多篇文献。通过阅读发现，这些文献非常相关，以后标引时，考虑将 B29C11/00 主分类号批量标注为“有效”，或批量转入“高准确率”专题库。对另一个技术分支的噪声文献进行检索的过程中，发现主分类号为 B29B11/00 的 59 篇文献中，55 篇是不相关技术，噪声率高达 93%，说明主分类号为 B29B11/00 的文献是噪声文献的重要来源，实际操作时，可以将该分类号的内容全部删除。

标题检索去噪。标题所能反映的信息量过于局限，一般情况下不能仅通过标题判断该文献是否为噪声文献。例如，对废弃电子的化学回收方法进行专利分析时，可以将标题中明显带有机械处理方法的文献去除，以减少噪声文献。

申请日去噪。有些技术的出现有明确的日期，则可以将技术主题出现日之前的所有文献都视为噪声文献。例如，对通信领域进行专利检索，在对电气与电子工程师协会（IEEE）协议相关的专利进行分析时，由于相关的协议均出现在 2019 年之后，因而可以将 2019 年之前的文献均作为疑似噪声文献处理。

二、数据标引

1. 数据标引的概念

通过专利检索系统得到的初步检索结果还不是需要的最终数据。一方面需要排除检索过程中各种原因引入的噪声文献，另一方面需要对检索数据按照系统划分重新进行标引，以确定每项专利技术所处的技术分支。

数据标引是指根据不同的分析目的，对原始数据中的记录加入相应的标识项。通过加入的标识项可以增加额外的数据项来进行较为深入的分析。数据标引通常是数据处理的最后一步，根据不同的分析目的与分析项目，确定用于图表制作与统计分析的规范数据。

按标引字段的不同数据标引通常可以分为以下两类：常规字段的标引与自定义字段的标引。常规字段的标引通常采用专利分析系统对清理后的检索结果进行自动提取，这需要利用待标引的字段对检索获得的数据项进行清理与规范，获得规范化的数据项。自定义字段的标引主要涉及技术内容标引和技术功效标引等方面内容。

2. 数据标引的操作方法

数据标引的常规操作方式有两种：人工标引和批量标引。

人工标引是通过阅读专利文献来标注标引信息。根据专利分析中人力、物力及实践等因素，判断文献量在可阅读范围内时，专利分析人员通过人工逐篇阅读进行技术分支、技术功效等的标引。由于受到人力、物力及时间等因素的影响，人工标引具有一定的适用范围，通常适用于数据量不大的情况，例如微观分析。

批量标引是通过使用相对严格的检索式对检索得到的原始数据直接进行大批量的标引。批量标引主要适用于大量文献的标引。批量标引的过程有时是和检索一起完成的（例如通过分类号/关键词进行二次检索时，对下级或次级技术分支进行批量标引）。

表2－12列出了审协广东中心承担的“废弃电子电器专利导航课题”中对相关文献从系统、技术角度进行两级标引的结果。针对废弃电子电器的系统和技术分支的标引充分考虑了实际的技术领域、技术功效、文献量等多种因素，并最终确定了文献标引的名称。通过合适的数据标引，为该课题的顺利开展奠定了良好的基础。

表2－12 废弃电子电器专利导航课题中文献标引结果

系统划分	技术分支	中文/件	外文/项
废弃整机拆分	电视机拆分	30	55
	电脑拆分	12	26
	冰箱拆分	63	32
	空调拆分	9	28
	洗衣机拆分	14	26
	显示器	64	168

续表

系统划分	技术分支	中文/件	外文/项
废弃线路板	破粉处理	234	134
	分选	74	58
	热处理	84	107
	金属回收	315	395
废弃阴极射线管	玻屏处理	69	173
	荧光物质回收	114	114
	铅金属回收	32	91
废弃制冷系统	制冷及相关物回收	146	204
废弃电池	破碎处理	252	148
	金属回收	882	1184
废弃液晶	液晶处理	47	84
其他系统设备		0	198
去重降噪后总计		2441	3225

第三章　专利分析的实施

第一节　专利态势分析

专利态势分析是指对某一行业或技术领域总体专利状况的分析，有助于迅速了解整个产业、技术、市场或地域的专利发展态势。专利态势分析通常是针对专利数量的统计分析，基本的专利数量统计分析包括专利申请趋势分析、专利技术分析、地域分布分析以及申请人排名分析。这些专利分析对应的图表形式主要是数据统计类图表，均可用Excel软件生成。

一、专利申请趋势分析

在对产业、技术、市场或地域进行总体状况分析时，通常要先对专利申请趋势进行分析。专利申请趋势分析通常包括专利申请量、申请人数量、发明人数量等随时间变化的趋势展现。图3－1、图3－2和图3－3展示了典型的趋势分析图示例。

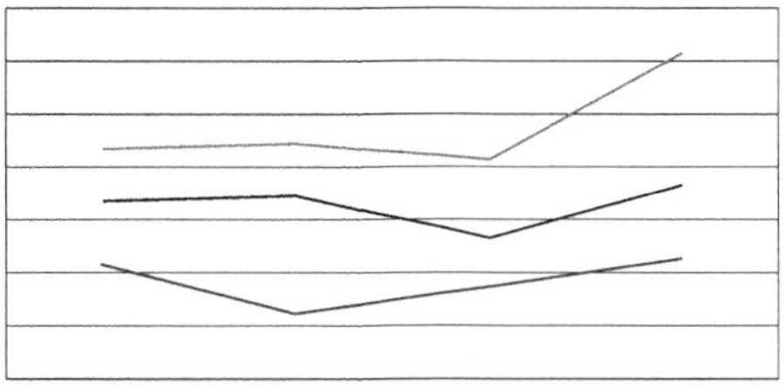

图3－1　趋势分析折线图示例

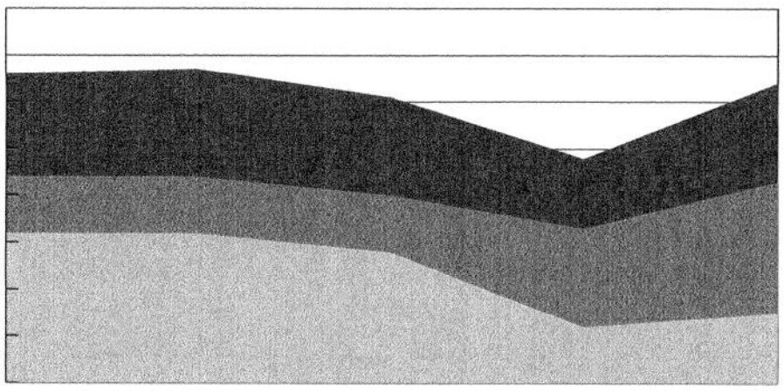

图 3－2　趋势分析面积图示例

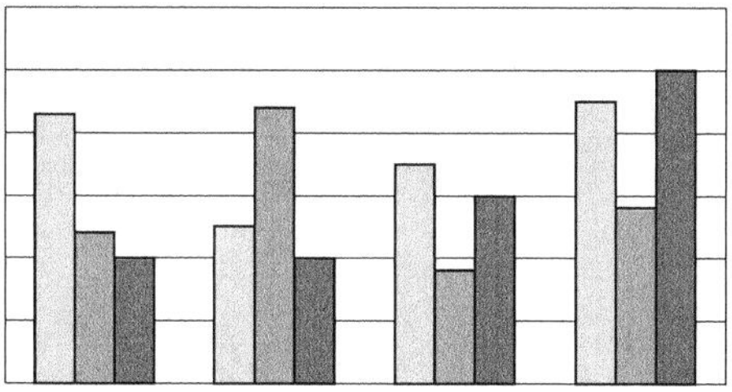

图 3－3　趋势分析柱形图示例

一般来说，折线图适合表现长时间段内专利申请趋势的变化；面积图适合表现长时间段内的专利申请数量的积累；柱形图适合表现相对较短时间内单个时间点的专利申请数量。

1. 技术发展趋势分析

对行业的技术发展趋势进行分析有助于该行业的从业人员或研究人员对行业有一个整体认识，并对研发重点和路线进行适应性的调整。行业技术发展趋势分析结果的描述大致可以包括以下几个方面。

（1）各发展阶段的专利申请总量（或趋势）、平均增长量（或平均增长率）。

（2）各发展阶段专利申请人数量的变化。

（3）各发展阶段的主要专利申请国家和地区、代表性申请人，例如占据较大市场份额但申请量不是很大的申请人。

（4）各发展阶段的主要技术、代表性专利。需要注意的是，主要技术最好是技术分解表中提到的技术，以便与后续技术分析前后呼应。

（5）各发展阶段产业和政策的发展情况。

（6）对技术发展趋势的总结和预期。

根据行业的不同，可以选择其中几项进行描述，也可以加入具有行业特色的描述。在进行技术发展趋势分析时，不应该只停留于专利申请量的变化趋势，而应该更多地结合行业和技术来分析申请量变化所体现的技术发展变化。图 3－4 展示了典型的技术发展趋势图示例。

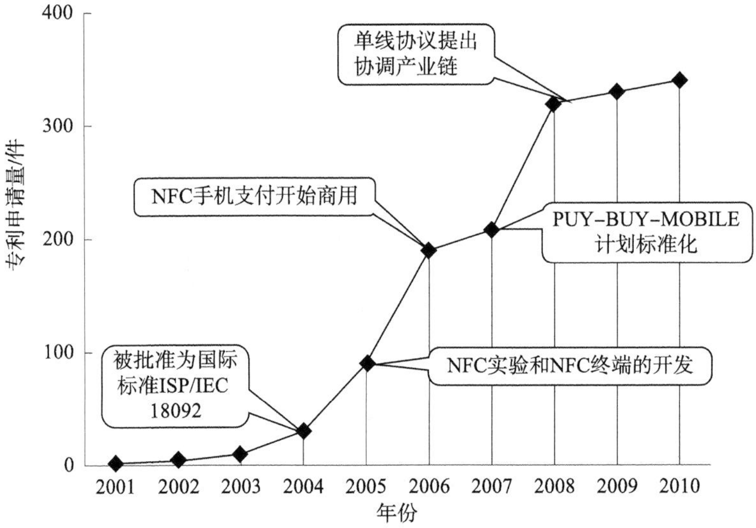

图 3－4 技术发展趋势图示例①

注：本图以近场通信（NFC）技术为例。

2. 技术生命周期分析

专利技术生命周期是根据专利统计数据绘制出的技术曲线，可以帮助企业确定当前技术所处的发展阶段、预测技术发展极限，从而进行有效的技术管理的方法。利用技术生命周期曲线进行分析是专利分析中常用的方法之一，通过分析特定的专利技术所处的发展阶段，可以了解相关技术领域的现状、推测未来技术发展方向。图 3－5 展示了典型的专利技术生命周期曲线示例。

① 杨铁军．专利技术可视化［M］．北京：知识产权出版社，2017：8.

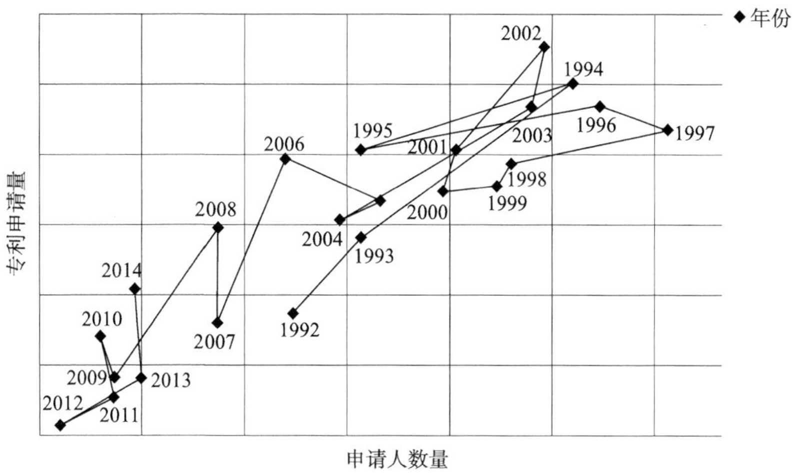

图3-5 专利技术生命周期曲线图示例[1]

专利技术在理论上按照技术萌芽期、技术成长期、技术成熟期和技术衰退期四个阶段呈周期性变化。[2]

（1）技术萌芽期。

在技术萌芽期阶段，技术没有特定的市场，企业投入意愿较低，可能仅有少数几个企业参与技术研发，并且可能来自不同领域或行业，专利权人数量、申请的专利数量较少。但是，这一时期的专利大多数是原理性的基础发明专利，可能会出现产生重大影响的发明专利，专利等级较高。

（2）技术成长期。

随着技术的不断发展，市场不断扩大，技术的吸引力凸显，使介入的企业增多。专利申请的数量急剧上升，集中度降低，技术分布的范围扩大。

（3）技术成熟期。

技术进入成熟期时，由于市场有限，进入的企业数量增速趋缓。由于技术已经相对成熟，可能只有少数企业继续从事相关研究，专利申请的数

---

① 国家知识产权局专利局专利审查协作广东中心．废弃资源再生循环利用产业信息分析及预警研究报告［M］．北京：知识产权出版社，2017：197.

② 董新蕊，朱振宇．专利分析运用实务［M］．北京：国防工业出版社，2016：59.

量增长速度变慢并趋于稳定。

（4）技术衰退期。

当某项技术老化或出现更为先进的替代技术时，企业在此项技术上的收益减少，选择退出市场的企业增多。此时有关领域的专利技术几乎不再增加，每年申请的专利数和参与的企业数都呈负增长。

专利技术生命周期的分析方法主要有图示法和指标评价法。图示法是通过对专利申请数量或获得专利权的数量与时间序列关系、专利申请人数量与时间序列关系等问题的分析研究，绘制技术生命周期图，推算技术生命周期。在实际研究中，图示法也可以用时间序列法直接展示专利权人或专利申请人数量对应的专利或专利申请数量的图示来表征专利技术的生命周期。指标评价法由于存在计算复杂、数据处理量大、直观性不够等缺点，在实际分析中的可操作性不如图示法。

3. 技术发展路线分析①

技术路线图最早出现在美国汽车行业，汽车企业为降低成本要求供应商为他们提供产品的技术路线图。在 20 世纪 70 年代后期和 80 年代早期，摩托罗拉公司和康宁公司先后采用绘制技术路线图的管理方法对产品开发进行规划。摩托罗拉公司的技术路线图主要用于技术进化和技术定位，康宁公司的技术路线图主要用于公司的战略制定。继摩托罗拉公司和康宁公司之后，许多国际大公司，如微软公司、三星公司、朗讯公司和飞利浦公司等都广泛应用了这项管理技术②。2000 年，英国对制造业企业的一项调查显示，大约有 10% 的公司使用了技术路线图方法，而且其中 80% 以上用了不止一次。不仅如此，许多政府机关、产业团体和科研单位也开始利用这种方法对其所属部门的技术进行规划和管理。

对专利信息进行技术发展路线分析，能够为技术开发战略研讨和政策优先顺序研讨提供知识、信息基础和对话框架，提供决策依据，提高决策效率。图 3－6 和图 3－7 展示了典型的专利技术发展路线图示例。

---

① 杨铁军. 专利分析实务手册［M］. 北京：知识产权出版社，2012：37－40.

② 刘细文，柯春晓. 技术路线图的应用研究及其对战略情报研究的启示［J］. 图书情报工作，2007，51（006）：37－40.

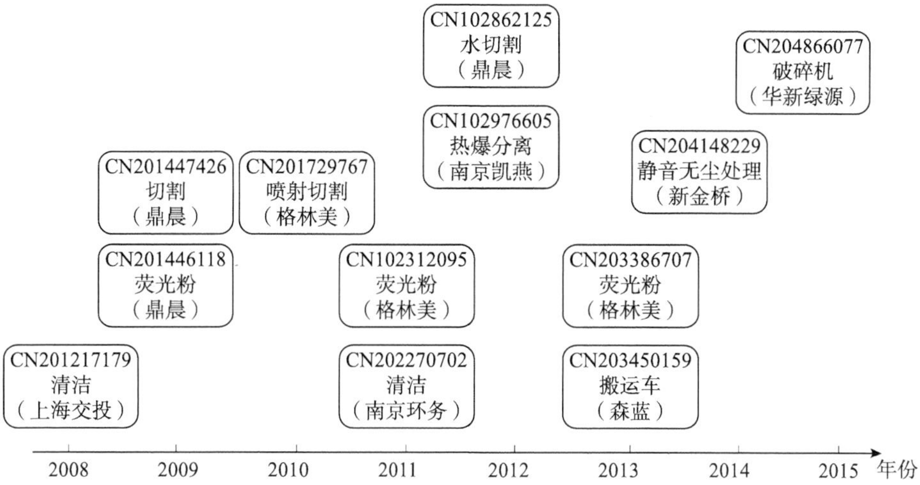

图3－6　阴极射线管专利技术发展路线图①

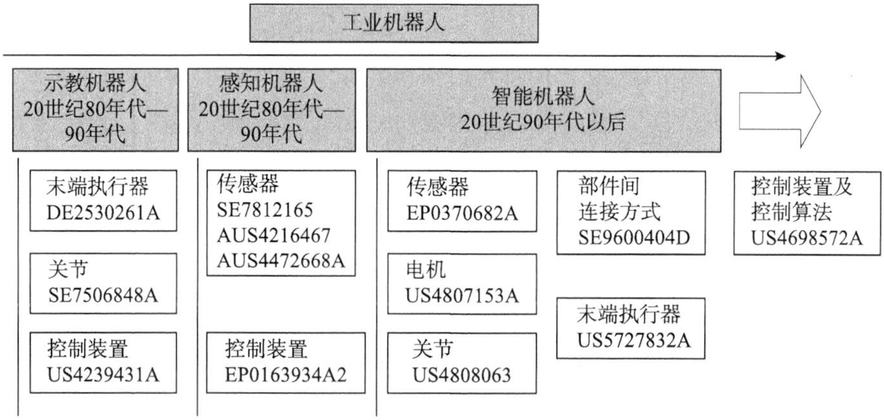

图3－7　工业机器人专利技术发展路线图②

① 中国循环经济协会，国家知识产权局专利局专利审查协作广东中心．废弃电器电子产品处理产业专利导航研究报告［M］．北京：知识产权出版社，2018：119.

② 杨铁军．专利技术可视化［M］．北京：知识产权出版社，2017：65.

二、专利技术分析

专利技术分析是在对专利进行定量分析或定性分析的基础上，制作与技术相关的专利分析图表，并对图表进行解读得出相关结论的方法。专利技术分析可以反映某一技术的发展趋势、生命周期、发展路线、技术热点/空白点等。专利技术分析的结论通常能为技术的开发和利用提供参考依据①。

1. 重要专利判定

一般而言，重要专利可以从技术价值、经济价值以及专利价值三个层面来确定。

（1）技术价值层面。

被引频次②。一般而言，被引频次较高的专利可能在产业链中所处位置较关键。因此，被引频次可以在一定程度上反映专利在某领域研发中的基础性、引导性作用。通常情况下，专利文献公开时间越早，则被引证概率就越高。因此，引入专利存活时间相同的专利文献的平均被引频次水平作为参照，可以消除不同专利存活时间带来的影响。

引用科技文献数量。科技文献引用的数量大，说明企业的研发活动和技术创新紧跟最新科技的发展。但科学关联度与专利价值的相关性随行业而不同，在科技导向的领域，例如医药和化学领域，该指标与专利价值显著相关；在传统产业，该指标与专利价值的相关性不显著。在评价专利的价值时，应根据行业选用不同的指标。

技术发展路线关键节点。技术发展线路图中的关键节点所涉及的专利技术不仅是技术的突破点和重要改进点，也是在生产相关产品时很难绕开的技术点。但是在寻找这些节点时，需要行业专家花大量时间画出这个行业的技术发展路线图，然后按图索骥，找到这个图中的关键技

---

① 林志坚，谌凯，吴巧玲，等．专利分析操作与实务［M］．北京：科学技术文献出版社，2018：133.

② 张娴，方曙，肖国华，等．专利文献价值评价模型构建及实证分析［J］．科技进步与对策，2011（06）：127－132.

术点。

技术标准化指数①。标准化指数是指专利文献是否属于某技术标准的必要专利，以及该专利文献所涉及的标准数量、标准类别（如国家标准、行业标准等）。但无论是根据技术标准查找所涉及的专利，还是从专利文献出发查找其是否涉及技术标准，都需要花费一定的时间。

主要申请人。行业内的主要专利申请人一般来说在本领域技术实力最强，技术发展比较成体系，其所申请的专利技术通常较为重要。但首先需要辨别和筛选出该领域的主要申请人。如果主要申请人的申请量较大，则需要投入大量精力进一步筛选。

主要发明人。主要发明人是对本行业发明创造作出主要贡献的自然人，是引领本领域技术进步的主要带头人。因此，主要发明人的专利技术是本行业最需要关注的技术，但主要发明人申请的专利数量毕竟有限，因而不能全面地反映本领域重要技术的状况。

（2）经济价值层面。

专利实施情况②。专利实施率越高，专利对于技术发展、技术创新作出的贡献就越大。但发明专利的实施通常会有一个开发过程，而一些专利的申请仅仅是为了“技术圈地”，防止别的竞争者进入，没有实施。因此，没有实施的专利技术并不一定就不重要。

专利许可情况③。如果某项专利被许可给多家企业，那么说明该专利是生产某类产品时必须使用的专利技术，其重要性显而易见。欧洲专利文献中就会标注出很多许可信息，但是大多数地区的专利技术许可需要到相关部门进行查询。

专利的其他经济行为。随着经济的发展，专利质押融资、专利保险、专利证券化等也可以作为重要的考量因素。

---

① 张娴，方曙，肖国华，等．专利文献价值评价模型构建及实证分析［J］．科技进步与对策，2011（06）：127－132．

② 岳宗全，石红艳．专利竞争情报中的重要评价指标解析［J］．中国科技成果，2004（003）：21－24．

③ 马永涛，张旭，傅俊英，等．核心专利及其识别方法综述［J］．情报杂志，2014（5）：38－43．

（3）专利价值层面。

同族专利数量。一项发明可以在多个国家和地区申请专利保护，获得专利授权的国家的数量定义为一项专利的同族数量。但此衡量指标的准确性存在诸多争论。有专家认为专利价值与专利族大小不一定是线性关系，因为许多有价值的专利只要在几个重要的国家和地区受到保护就足够了①。有专家则认为专利的价值体现在是否申请国外专利，而不是申请多少国外专利；也有专家通过数据证明专利的价值不仅与专利申请国的数量有关，而且与这些国家的组成有关。因此，此衡量指标的大小有时用欧洲、美国或日本专利的比例来代替②。

政府支持。一般来讲，获得政府支持的专利技术，都是经过多个部门审核的，其研发的经费和人力资源都具有较好的保障，专利的经济和社会价值都较高。

专利维持期限。对专利权人而言，只有当专利权带来的预期收益大于专利年费时，专利权人才会继续缴纳专利年费③。因此，专利维持期限的长短在某种程度上反映了该专利的重要性。

专利复审无效、侵权诉讼等数据。专利在复审、无效、异议及诉讼过程中需要花费大量的时间和费用。经过复审、无效、异议及诉讼程序的专利一定是得到申请人或行业重视的，其中“抵御成功”的专利稳定性更强、价值更高。其他反映受重视程度的指标还有申请人和发明人数量、权利要求数量、申请加快审查情况等。

在利用上述指标确定重要专利时，要根据实际情况和各项指标的特点，有针对性地选择评价指标。在实际操作中，还可以对一些评价指标进行改进后再使用，也可以综合使用这些评价指标。

2. 重要专利分析

“重要专利”是个相对概念。对于重要专利的精确定义，在专利分析

① 李清海，刘洋，吴泗宗，等．专利价值评价指标概述及层次分析［J］．科学学研究，2007（02）：281－286.

② 周肇峰，唐莉萍．新型烟草制品专利微导航探索与实践［M］．北京：知识产权出版，2019：58.

③ 李清海，刘洋，吴泗宗，等．专利价值评价指标概述及层次分析［J］．科学学研究，2007（02）：281－286.

领域中众说纷纭，难以达成共识。本书认为重要专利不是一个严格的法律概念，它更多地表达了不同使用者基于不同使用目的对重要专利判断标准的差异化认知①。即使具有相同的判断标准，由于方法和指标的差异，也会导致重要专利的筛选结果存在显著的不同。一般认为重要专利是行业发展或产业发展中的关键专利，也指较为独特的、能有效阻止他人非法使用的专利。筛选重要专利的工作，最好由相应技术领域的技术专家通过逐条阅读专利来完成②。但是如果待筛选的专利文献太多，技术专家的人工阅读将是一项极其耗时、耗力的巨大工程。此外，人工筛选这种方式可能会因主观因素带来极大的个人偏见。图 3－8 展示了典型的重要专利分布图示例。

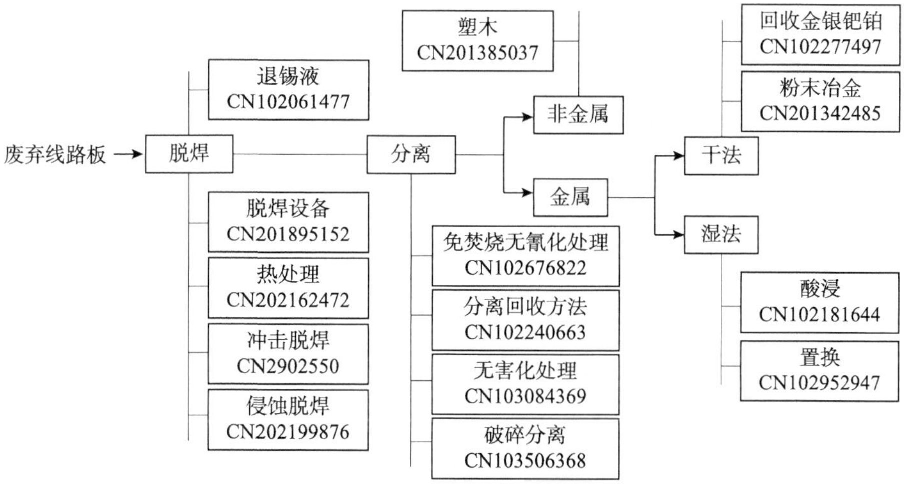

图 3－8　格林美线路板重要专利分布图③

3. 技术功效分析

技术功效分析通常由技术和功效来构建技术功效综合性指标。从技术

---

① 赵艳辉，李宏利，殷朝晖. 重要专利的筛选与分析［C］//2015 年中华全国专利代理人协会年会第六届知识产权论坛论文集，2015：34.

② 肖沪卫. 专利地图方法与应用［M］. 上海：上海交通大学出版社，2000：147.

③ 中国循环经济协会，国家知识产权局专利局专利审查协作广东中心. 废弃电器电子产品处理产业专利导航研究报告［M］. 北京：知识产权出版社，2018：122.

功效表中可以看出技术需求上的集中度，较为集中的可确定为重点和/或热点技术；较为分散甚至为零的，可以认为是空白点技术，还可以综合技术发展的阶段和演进确定难点技术。在专利分析报告中，也可以结合专利申请的具体内容，对某一项或几项技术热点、难点进行技术层面的详细分析。表3－1列出了典型的技术功效矩阵表，图3－9展示了典型的技术功效分析图示例。

表3－1 技术功效矩阵表

技术效果	技术手段				
	1	2	3	4	…
A					
B					
C					
D					
…					

注：表格中填写的是对应技术手段所产生技术效果的专利数量。

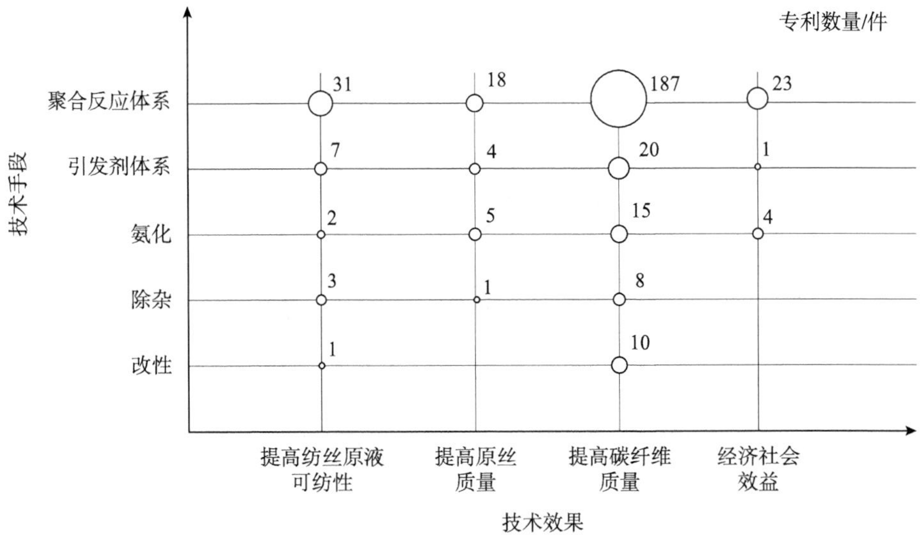

图3－9 技术功效分析图示例

第二节　市场主体分析

市场主体分析是专利分析的重要组成部分。对市场主体的深入分析能够获得更具体、更有针对性的专利情报。例如，通过分析重要市场主体各技术的专利申请量发展变化情况，能够更具体地反映市场主体技术的发展水平和发展趋势；通过分析重要市场主体的专利申请目标国家或地区变化情况，能够判断市场主体发展规划和主要市场的变化；通过分析重要市场主体在各技术分支上的申请状况，能够确定市场主体的优势领域，从而比较各重要市场主体之间的技术研发重点和研发方向的异同，并由此厘清各重要市场主体之间的竞争态势和合作的可能性。

专利分析意义上的市场主体主要包括企业、科研院所、高校、个人，以及多个专利申请人形成的产业共同体，如专利联盟、产业联盟等。

一、重要市场主体的确定

确定行业中的重要市场主体是做好市场主体分析的必要环节。确定重要市场主体的方法包括专利申请量排名分析、企业调研、问卷调查、产业专家咨询和行业研究报告分析等。

重要市场主体并不一定是申请量排名前几位的专利申请人，也可以是在行业中具有重大影响和/或拟重点研究的专利申请人，如占据较大市场份额但专利申请量不是很大的申请人。所确定的重要市场主体应当具备两个要素：在行业中具有重要性、典型性或代表性；掌握重要专利或具有长远的专利战略。①

① 林志坚，谌凯，吴巧玲，等. 专利分析操作与实务［M］. 北京：科学技术文献出版社，2018：204.

二、市场主体技术分析

1. 专利布局分析

重要市场主体通常会在目标市场进行专利布局以提高市场占有率和竞争力。对其专利区域布局进行分析，一方面能够反映出该区域市场主体的技术水平及专利布局情况，另一方面也能更好地了解海外市场并寻找潜在的区域合作伙伴。

2. 重点技术和重要产品分析

对市场主体的重点技术进行分析可以发现其研发思路和研发重点，伴随着技术的兴衰，市场主体在某一技术分支的专利申请活跃度也呈现相应的变化。

对市场主体的重点技术和重点产品分析表现为重点技术和重点产品分析可以与时间历程、国别分布、市场信息（如公司销售运营数据、市场竞争态势）等多方面信息结合并对照分析；重点技术和重点产品分析可以与相关的重要专利、重大诉讼等信息结合分析。

三、市场主体关系分析

1. 研发团队分析

对市场主体中的研发团队（发明人）的分析能够发现在本领域具有重大影响力的科技研发人员、产品设计人员等。研发团队分析可以单独进行，也可以与申请人分析结合进行。分析申请人的核心发明人或发明团队可以反映出申请人的研发管理体制和激励机制等信息。

挖掘出行业内的重要发明人或发明人团队之后，可以结合其在行业内各技术分支上的专利申请量、申请的时间跨度来展现发明人所关注过的技术领域、研发方向。

2. 技术合作与竞争分析

由于技术问题的复杂性，专利申请逐渐出现了多个申请主体、多个权利人的情形。共同申请的专利是市场主体之间合作创新成果的直接体现，对于专利申请中这一独特现象的分析，有助于更清楚地了解产业间的合作关系，寻找技术研发的合作伙伴以及探索实现自主创新的机制。图 3－10 展示了典型的权利人分析图示例。根据申请人的类型，专利共同申请的形式包括公司与公司的共同申请、公司与个人的共同申请、个人与个人的共同申请、公司与研究机构的共同申请、公司与大学的共同申请等。根据所处产业链的位置，专利共同申请的形式包括公司与上游产业公司的共同申请、公司与下游产业公司的共同申请、公司与处于同一产业位置的研究机构或者大学的共同申请、公司与处于同一产业位置的其他公司的共同申请。

竞争对手分析是通过对竞争对手进行分析，更好地了解本领域主要竞争对手的技术特点、知识产权战略、研发方向和技术路径等，能够为制定企业知识产权战略提供重要的数据支撑。对于竞争对手的专利分析，主要是分析竞争对手在特定技术分支中的专利申请量、申请类型、目标市场、技术研发重点、研发团队和重要专利等。①

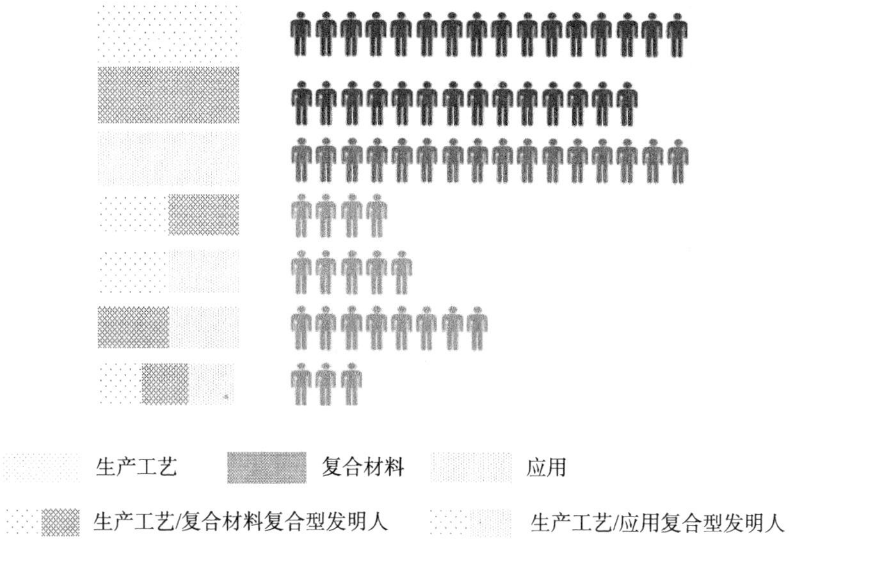

图 3－10　权利人分析图示例

① 林志坚，谌凯，吴巧玲，等．专利分析操作与实务［M］．北京：科学技术文献出版社，2018：217.

3. 引进与并购分析

技术引进是发展中国家实现经济快速发展的重要途径。[①] 近年来，我国大中型企业技术引进经费支出和消化吸收经费支出均呈增长趋势。在引进技术的过程中，企业将面临知识产权保护、技术许可等一系列问题。通过专利分析，可以为企业在技术引进中寻找和定位引进目标、制定技术引进策略提供一定的参考。技术引进中的专利分析主要目的是分析出技术引进所产生的影响。

在技术竞争激烈的行业中，例如通信产业，很多企业专利申请人会选择通过收购具有技术优势的其他公司或机构来实现业务范围的扩张或升级。通常，企业并购伴随着以专利为代表的无形资产的权利转移。因此，从专利的角度对企业申请人的技术态势与发展并购行为进行分析，能够在一定程度上发现企业的技术发展战略及其专利发展策略。

4. 专利诉讼分析

专利诉讼分析通常有以下几个目的：①通过分析专利诉讼的全过程，掌握诉讼的目的，并得到启示；②获知双方技术争端的焦点，从而分析出技术竞争点、市场竞争点和发展战略竞争点；③获知诉讼双方的专利策略/知识产权战略。对专利诉讼案件进行分析有助于市场主体提高专利意识，提升专利申请的质量，也能为市场主体制定专利发展策略提供一定的帮助。[②]

第三节　其他专利分析

一、区域专利分析

区域专利分析是指对一个国家或地区的专利数据进行定性或定量的分

---

① 李光泗．大中型工业企业技术引进及二次创新问题研究［M］．北京：中国大地出版社，2007：23.

② 杨铁军．专利分析实务手册［M］．北京：知识产权出版社，2012：177.

析，可以反映一个国家或地区的技术研发实力、技术发展趋势、重点发展技术领域、重要市场主体等，也可以反映国际上对该区域的关注程度。

区域专利分析可以采用以下几个分析模块。

专利布局分析。对特定区域进行专利布局分析，可以全面了解该区域的技术发展情况和重要市场主体。通过分析，可以结合自身的技术特点以及该区域其他竞争对手的技术特点来决定是否进入该区域，从而为市场主体的发展提供方向。

重点技术发展趋势分析。对特定区域的重点技术发展趋势的分析体现了该区域的技术发展动向。在考虑是否进入该区域时，对重点技术发展趋势进行分析是非常必要的。

重要市场主体分析。进入某一区域时，有必要了解该区域的重要市场主体的专利布局情况。如果该区域多个重要市场主体已经进行了完善的专利布局，此时就需要结合自身的技术状况决定是否进入该区域。

首次申请国分析。首次申请国一定程度上可以反映技术输出国的信息，也能反映相关国家或地区的技术创新能力和活跃程度。通过首次申请国分析，可以为区域间的技术合作以及竞争提供有用的信息。

目标市场分析。目标市场反映的是特定区域受关注程度、技术进入的意愿等。通过分析目标市场，可以了解到哪些技术、哪些市场主体愿意进入到该对应区域。

二、标准专利分析

标准化可使新技术和新科研成果得到推广应用，从而促进技术进步，在提高产品的国际市场竞争力方面具有重大作用。标准是规范，可以占据市场；专利是产权，可以保护自己，有了专利，企业将有更大的发展空间[①]。在进行特定领域专利分析时，分析标准和专利之间的关系非常必要。这可以使企业在实现“技术专利化，专利标准化，标准产业化，产业市场化”的进程中获得实际依据，得到具体的指导。

---

① 王晓丽，林燕琼. 标准与专利的协同发展［J］. 科技创新与应用，2015（32）：282.

三、外观设计专利分析

我国的中小型企业要进军海外市场，必须做好应对外观设计方面知识产权壁垒的准备。我国企业在进行产品生产和销售抑或进军海外市场之前，对该产品的外观设计专利进行全面的研究和分析，可以了解市场环境、摸清潜在竞争对手、寻求合作伙伴、预测市场风险，为企业合理地制定发展战略提供参考依据。外观设计专利分析一般针对汽车、数码、玩具、灯具、服装等外观容易被侵权的领域。

第四章 专利分析图表的制作

良好的图形表达能够在读者与信息之间架起一座有效的沟通桥梁。对于专利分析而言，数据和信息的准确性始终是第一位的，图表要服务于信息，不能脱离数据。好的专利分析图表应该主题清晰、形式规范、信息准确、设计美观。

第一节 专利信息的表达

一、数据处理

准确的数据是专利信息可视化的基础，专利分析的数据基础来源于每一篇专利文献的数据采集字段。

采集数据字段需要在明确分析需求的基础上，通过检索系统/平台实施检索。对于不同的检索系统/平台，其数据采集方法、检索运算符等略有不同，但常规检索方法基本相同。

数据处理主要包括数据清理和标引等步骤（前文已经详细介绍了数据清理和标引的操作方法，此处不再赘述），数据处理完成后就可以开始进行可视化作图分析。

基于经过处理的数据，可根据事先明确的分析目的，确定专利分析的内容并选定专利分析指标。

在综合考虑用户需求、信息属性和展示媒介等因素的情况下，可基于数据关系、专利分析内容与图表的对应关系，选择合适的图表形式。

按可视化图表制作的难易程度以及与读者的交互性，可视化图表可分为简单静态图表、复杂静态图表、交互动态图表三个层次。①

二、专利信息的表达形式

专利信息大体上可以分为技术相关信息和市场相关信息。

技术相关信息一般是指申请量趋势、申请人排名、专利技术的发展方向等，描述的是变化趋势、份额构成、地理分布等统计数据。这类数据一般采用折线图、面积图、柱形图/条形图、饼图/环图、散点图、矩形树图、矩阵表/气泡图、地图等常规图表来表示。这类图表多置于明确的直角坐标系或极坐标系中，比较注重制图规范。

市场相关信息一般是指合作申请、企业并购、交易运营、技术分解等，描述的是与市场关联的、发展或布局等信息，一般需要用进程图、泳道图、实物图、弦图、力导布局图、地铁图等示意性图表来表示。这类图表多无明确的坐标系，比较讲究结构布局。

下文将对常见的图表能表达的专利信息进行介绍。②

折线图：适于表现一个或多个指标的数据变化趋势。如表现专利申请量随时间的变化，在数据量少和数据量大的情况下都可以使用，更强调趋势的变化而不是点与点之间的差异。

面积图：适于表现一个指标的数据变化趋势，同时可以通过面积反映该指标的累计情况。在数据量少和数据量大的情况下都可以使用，同样更强调趋势变化而不是数据点之间的差异。对于多个指标的数据变化而言，前后面积色块的遮挡使面积图不如折线图有优势。此外，这种图可以作成堆积图，能够反映多个指标的总量变化趋势和百分比构成情况。

柱形图/条形图：适于表现多个指标的对比、排名等，如不同专利申请人的申请量排名等；也可表现一个指标的数据变化趋势，一般来说数据点不宜过多，数据点是离散的，更强调数据点之间的差异而不是趋势。对

① 杨铁军．专利技术可视化［M］．北京：知识产权出版社，2017：134.

② 杨铁军．专利技术可视化［M］．北京：知识产权出版社，2017：137.

于多个指标的数据变化，要注意指标数量不宜过多，否则会导致多个柱形或条形不易分辨。这种图也可以作成堆积图，反映多个指标的总量变化趋势和百分比构成情况。

饼图/环图：适于表现部分指标与总体指标之间的关系，可反映多个指标的百分比构成情况，与百分比堆积柱形图/条形图的用法类似。

散点图：可在多维空间（如四个象限）内把相似的散点归类到一起，进行多维尺度分析，如发明人实力对比等；也可表现一个指标随时间的变化趋势，与折线图、面积图、柱形图/条形图的用法类似。

矩形树图：适于表现多个层级下的数据关系，如不同层级技术分支下的申请量分析等；也可用于分析单个层级下不同指标的对比，与柱形图/条形图表现对比时的用法类似。

专利分析内容与图表类型之间的对应关系见表4－1。

表4－1　专利分析内容与图表对应关系

专利分析内容	图表类型
趋势类	折线图、面积图、柱形图/条形图
比较类	柱形图/条形图、瀑布图、玫瑰图、雷达图
份额类	饼图/环图、矩形树图、百分比柱形图
关联类	韦恩图、矩阵图、矩阵气泡图、散点图、力导布局图、弦图
空间类	地图、实物图
流程图	线性进程图、泳道图、地铁图
层次类	系统树图

第二节　专利图表的制作

一般来说，表现申请量态势时，可以选择折线图、面积图、柱形图；表现申请人排名时，可以用柱形图和矩形树图；反映各个技术分支的百分比构成时，可以用饼图/环图与百分比堆积柱形图/条形图。

在读者需求方面，应当考虑读者希望了解变化趋势还是判断关键节点，希望研究数据细节还是注重直观感受，希望了解极端情况还是一览全貌。在信息属性方面，应当考虑信息是具体信息还是抽象概念，信息关系是时序性的还是空间性的。

一、图表的选择

在表现多个指标的趋势变化时，优选折线图（见图 4 –1），可以使数据的交叉对比清晰可见。而使用柱形图（见图 4 –2）展现三个以上指标的趋势变化时，每个时间点上对应的并列图形过多，难以观察各个指标的走势和交叉对比情况。

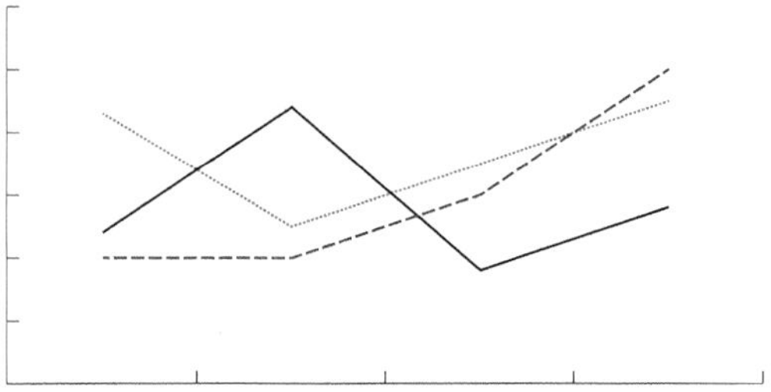

图 4 –1　趋势变化图——折线图（优选方案）

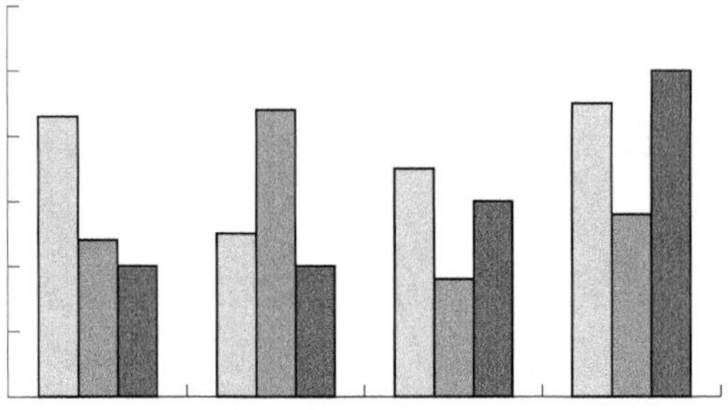

图 4 –2　趋势变化图——柱形图（不推荐）

在表现多个指标对比时，优选柱形图/条形图（见图 4 –3），柱形和条形很容易被认知为不同的指标对比。而用折线图（见图 4 –4）表现多个指标对比时，连续不断的线条容易让人误解为是单个指标的走势，而不是多个指标的对比。

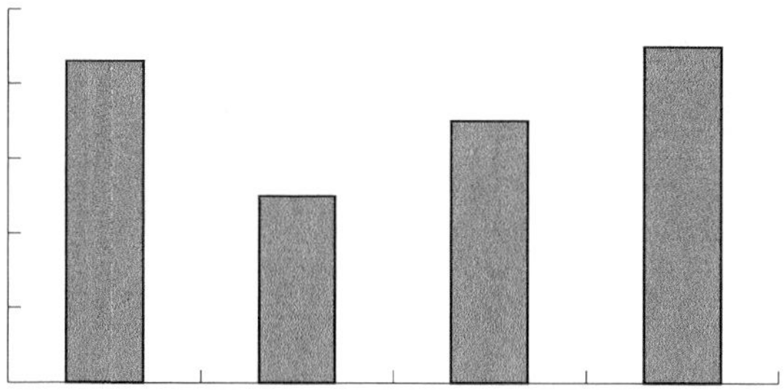

图4-3 指标对比图——柱形图（优选方案）

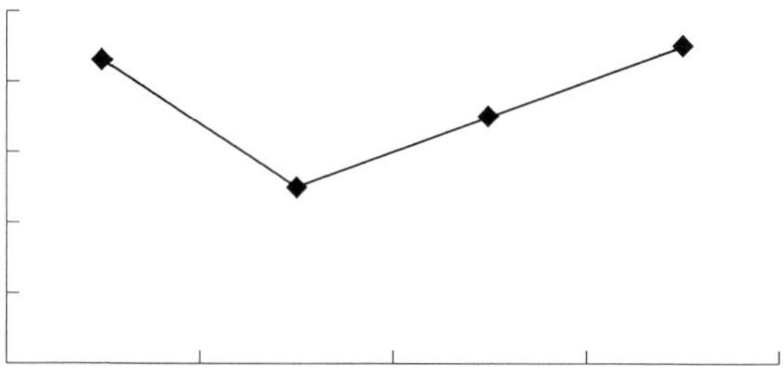

图4-4 指标对比图——折线图（不推荐）

在表现多系列数据的比较时，优选堆积柱形图（见图4-5），竖直堆积的柱形辅以连线，使读者很容易观察出每个指标的占比变化。而在饼图中（见图4-6），由于读者对扇区角度变化的感知不如柱形长度变化那样敏感，难以直观感受到每个指标的占比变化。

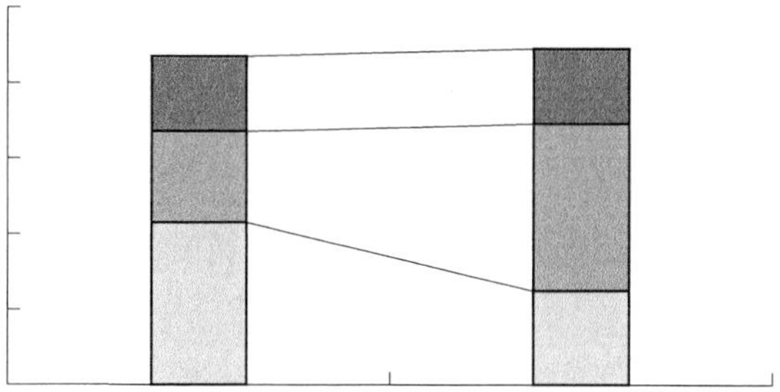

图4-5 多系列数据比较图——堆积柱形图（优选方案）

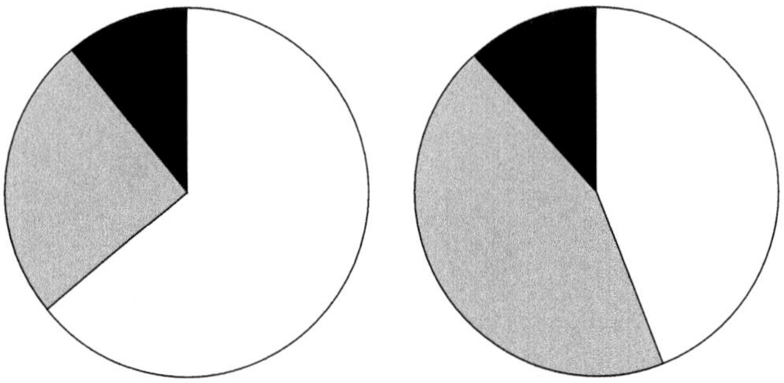

图 4-6 多系列数据比较图——饼图（不推荐）

二、图表的制作规范

专利分析图表对信息传达准确性的要求高于一般图表。制作分析图表时应当遵循一些基本规范，客观传达内容。错误的图表会歪曲事实并使人产生误解。下面介绍一些图表制作的常见规范。①

图表信息完整。一般而言，完整的数据图表应当包括图号和图名、坐标轴（含名称、标签和刻度）、图例、必要的文字注解、数据来源等，否则读者无法了解图表的含义。

标注位置适当。图例等标注一般位于显著位置，便于解读相应线条或柱形的含义。

标签不宜过长。如果标签过长，可以考虑减少标签数量。例如每隔五年显示年份标签，或者按规范进行简化表示。

比例适当。图表中的字体、字号不宜差别过大，图形背景填充不宜过杂，纵轴与横轴的比例适当（通常情况下纵轴长度是横轴长度的 2/3 或 3/4）等。

信息不冗余。图表应当尽可能减少不必要的信息，避免使图面显得拥挤或杂乱。例如对于系列组图，图例和图名可以仅出现一次。图 4-7 展示了专利分析制图的示例。

① 杨铁军. 专利技术可视化［M］. 北京：知识产权出版社，2017：142.

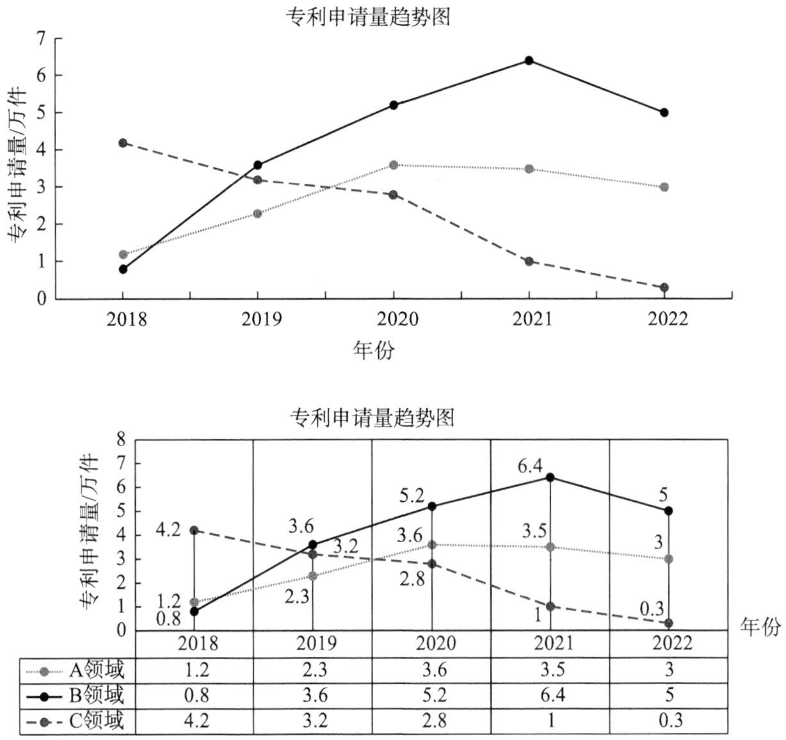

	2018	2019	2020	2021	2022
A领域	1.2	2.3	3.6	3.5	3
B领域	0.8	3.6	5.2	6.4	5
C领域	4.2	3.2	2.8	1	0.3

图 4－7　专利分析制图示例（上：推荐；下：不推荐）

柱形/条形的坐标要选择得当。如图 4－8 所示，上半区域的图显示各数据之间差值仅在个位数，但下半区域的图显示出来却是翻倍的关系，容易误导读者。

善用截断符。当各项指标数据均为正值且相差很小，导致柱形/条形的长度差别很难区分时，在不造成数据误读的情况下，也可以在非零起点坐标轴上标注截断符，并在柱形/条形中空出一段以示提醒。还有一种情况是当某一项指标数据远大于其他指标，导致柱形/条形长度差别很大时，可对代表该指标的柱形/条形进行截断，如图 4－9 所示。

饼图/环图分离扇区。使用饼图/环图展示数据时，希望突出显示某一部分的数据，可以将代表该部分的扇区分离出来以示强调，但不要全部分离，如图 4－10 所示。

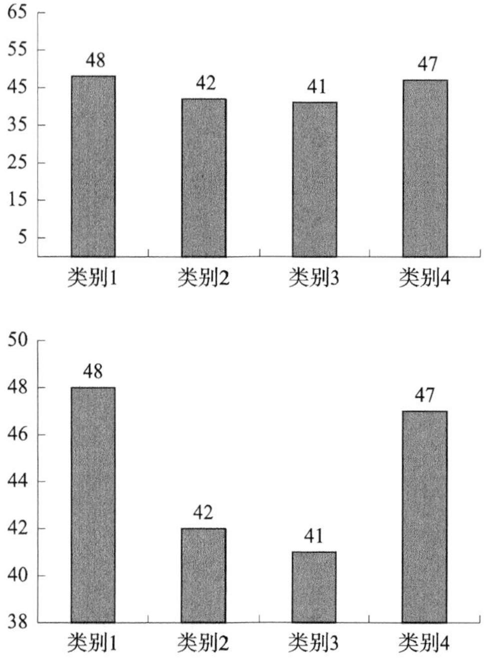

图 4-8　柱形图/条形图——数据比较（上：推荐；下：不推荐）

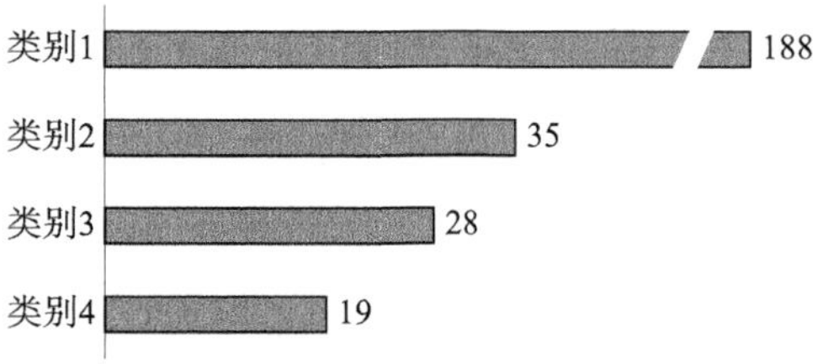

图 4-9　截断符使用示例

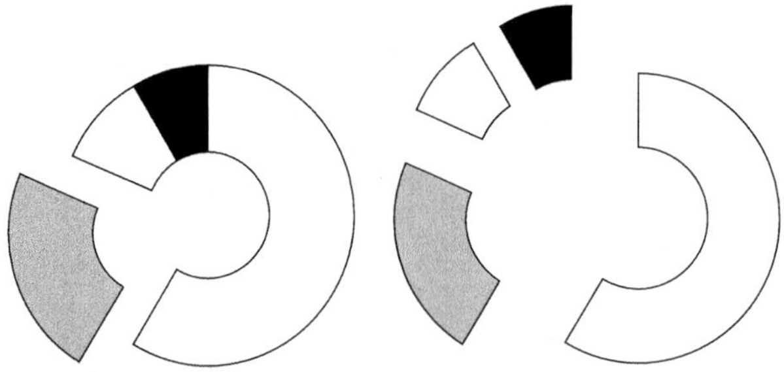

图 4-10　饼图/环图——突出展示（左：推荐；右：不推荐）

堆积面积图。应当把数据量大和变化平缓的数据放在下层，突出总量变化，并在一定程度上表现分量指标在总量中的构成。因此，应当将数据量最大的分量指标放在最下层，着重突出其变化趋势和在总量中的占比，如图4－11所示。

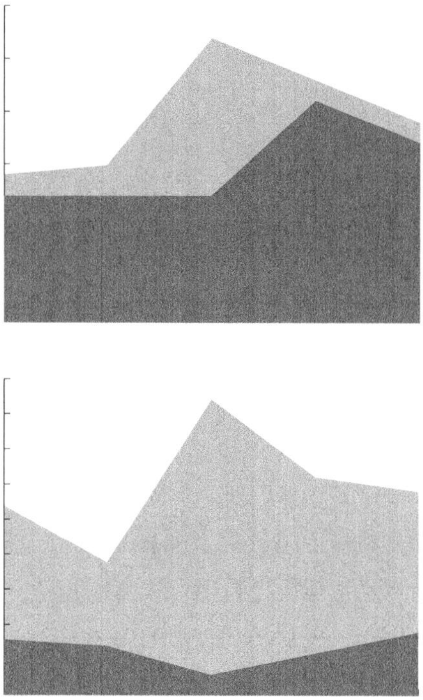

图4－11　堆积面积图——数据变换（上：推荐；下：不推荐）

第三节　可视化设计要领

如何感知信息并作出思考和判断？如何减少不必要信息的干扰？如何第一时间将读者吸引到最想表达的内容上？本节将从信息表达的基本要素入手，探寻好的专利分析可视化设计应当遵循的原则。

一、信息表达的基本要素

可视化是一个对数据和信息进行表达进而获取有价值的信息的过程。

信息表达的途径或者要素有很多，根据所表达数据的不同，可分为定性表达、定量表达等。其中，定性表达包括形状、颜色（色调）、位置等，定量表达包括尺寸、长度、面积、体积、斜度、角度、颜色（饱和度和亮度）等。另外，还包括必要的标注和动画。

二、设计原则

让表达更有力。人们对信息的识别遵循一定的规律。例如，对垂直位置的敏感度高于水平位置；不同色调识别为不同类别的事物，习惯从左至右、从上到下扫描信息。

让数据更突出。专利信息可视化的核心要务是突出呈现数据元素，应当尽可能弱化非数据元素的干扰。背景阴影线填充、杂乱的颜色、很粗的网格线、不必要的图例标注都很容易吸引读者的视线。

使用约定俗成的色彩。色彩是有含义的，并且因地域、文化而异。

选择合适的字体。文字除了本身传递出的文本信息含义，字体类型、字号大小、文字颜色等也是重要的设计元素。选择字体应本着易于识别、不干扰阅读的原则，字体种类不宜过多。一般来说，在图表中可以选择一种基本字体、两种以下辅助字体为宜，字号差异不宜超过四级。

第二部分

专利导航

第五章　专利导航的基本理论

第一节　专利导航的内涵和发展历程

一、专利导航的内涵

专利导航旨在围绕创新驱动发展战略，以专利为纽带、以创新为核心、以市场为导向，引导科技创新，促进管理创新，增强我国创新主体运用专利提升核心竞争力的能力，最终提高国家整体科技竞争实力。专利导航是以专利密集型产业为主要对象，以专利数据为信息获取主体，综合运用专利信息分析和市场价值分析手段，结合经济数据以及龙头企业知识产权战略等信息的分析和挖掘，准确把握专利在整个产业发展中所体现的内在规律及影响程度，深刻揭示产业竞争格局，科学凝练技术创新方向，有效防范产业发展风险，稳步提升专利运用水平。①

专利导航既包括对产业发展方向的规划和指引，还包括对产业发展过程中（或项目开展过程中）的保驾护航。在实际操作中，专利导航更多的是在先导航，并通过护航为辅的模式来进行，从而实现专利导航与经济社会发展、产业结构转型升级的融合。

形象地说，如果把创新驱动发展战略比作一架飞机，专利导航就是飞

---

① 国家知识产权局办公室政策研究处．优秀专利调查研究报告集：8［M］．北京：知识产权出版社，2015：108.

机上的定位系统，为飞机到达终点指引方向、保驾护航。

当然，专利导航也不是“包治百病”。专利导航并不意味着仅仅依靠专利来解决产业发展面临的所有问题，也不意味着仅仅依靠专利就可以形成支撑产业发展的核心动力，而是强调要站在产业发展的高度，深刻理解专利在产业发展中的影响力和作用方向，深度结合产业发展规律和市场发展趋势，充分发挥专利在技术创新中的促进作用，以技术创新带动企业和产业整体能力提升，充分发挥专利在市场竞争中的资源配置作用，以专利运营带动企业和产业的国际化水平，增强市场竞争力，最终实现可持续发展。

专利导航在实施过程中也存在一些问题，例如对产业领域进行细分的标准还不明确，企业和园区实施专利导航的办法还未落实，专利导航政策和理论方面的研究还不完善等。此外，专利数据量庞大且信息冗杂，专利信息整理处于低效阶段，以及人才的匮乏等都是制约专利导航发挥作用的因素。

二、专利导航的发展历程

《国家知识产权战略纲要》中明确指出“强化知识产权在经济、文化和社会政策中的导向作用。加强产业政策、区域政策、科技政策、贸易政策与知识产权政策的衔接。制定适合相关产业发展的知识产权政策，促进产业结构的调整与优化；针对不同地区发展特点，完善知识产权扶持政策，培育地区特色经济，促进区域经济协调发展”。这其中就提到知识产权（特别是专利）对社会政策的导向作用。后来，“专利导航”这一概念在2012年由国家知识产权局首次提出后，经全国范围的试点探索，逐步由面向产业、企业、区域引导创新决策延伸到知识产权分析评议、专利区域布局等工作，应用越来越广泛，工具越来越完善，成果越来越丰富。

1. 专利导航试点工程

随着专利制度的深入发展和经济全球化，知识产权（特别是专利）已经成为国家发展的战略性资源；同时，企业的核心竞争力也逐渐演变为以专利权为主的无形资产。然而，我国专利运用的水平与国际先进水平还有较大差距。为了有效运用专利制度提升产业创新驱动发展能力，国家知识产权局于2013年启动实施专利导航试点工程，这也是“专利导航”这一概念首次在政府文件中被正式提出。

《国家知识产权局关于实施专利导航试点工程的通知》中，将专利导航试点工程定义为：以专利信息资源利用和专利分析为基础，把专利运用嵌入产业技术创新、产品创新、组织创新和商业模式创新，引导和支撑产业科学发展的探索性工作。专利导航试点工程的主要目的是探索建立专利分析与产业运行决策深度融合、专利创造与产业创新能力高度匹配、专利布局对产业竞争地位保障有力、专利价值实现对产业运行效益支撑有效的工作机制，推动重点产业的专利协同运用，培育形成专利导航产业发展新模式。专利导航试点工程的总体目标是力争利用5年左右时间，初步形成专利导航产业发展有效模式。

随后，国家知识产权局陆续出台了《国家知识产权局关于确定国家专利导航产业发展实验区、国家专利协同运用试点单位、国家专利运营试点企业的通知》《国家知识产权局办公室关于组织申报国家专利导航产业发展实验区的通知》《国家知识产权局办公室关于组织申报国家专利协同运用试点单位的通知》《国家知识产权局办公室关于组织申报国家专利运营试点企业的通知》《2015年专利导航试点工程实施工作要点》等一系列文件，为专利导航试点工程的推进奠定了政策基础，专利导航工作也在全国各地有条不紊地开展起来。

2. 国家专利导航产业发展实验区

2013年9月，国家知识产权局发布了《专利导航试点工程工作手册（第一版）》，其中确定了六大重点任务，包括建立专利导航产业发展工作机制，优化产业的专利创造，鼓励专利的协同运用，培育专利运营业态发展，完善专利运用服务体系和构建专利导航发展的政策支撑体系。为全面带动重点任务的落实和实施，国家知识产权局面向产业集聚区，建设了一批具有区域特色、优势明显、专利密集、布局合理的国家专利导航产业发展实验区。

2013年8月，国家知识产权局确定了8个国家专利导航产业发展实验区，包括中关村科技园区、苏州工业园区、上海市张江高科技园区、杭州高新技术产业开发区、郑州新材料产业集聚区、武汉东湖新技术开发区、长春高新技术产业开发区和宝鸡高新技术产业开发区。其中，苏州工业园区经过两年的努力在物联网、通讯电子、石墨烯等关键领域已实现有效专利托管，储备1000件以上专利，专利转让或许可达到40%，经济效益突破500万元。以生物医药产业见长的上海市张江高科技园区，2014年共提交专利申请8000余件，其中2000余件获得授权。2014年底，上海市张江高科技园区以抗体药物专利导航规划项目组提供的专利数据为基础，建设了抗体药物专题数据库。截至2022年7月（2016年6月后未新增），国家专利导航产业发展实验区共有17家，具体如表5－1所示。

表5－1 国家专利导航产业发展实验区名单

编号	实验区名称	产业领域	批准时间
1	中关村科技园区	移动互联网	2013.8
2	苏州工业园区	纳米技术应用	2013.8
3	上海市张江高科技园区	生物技术药物及医疗器械	2013.8
4	杭州高新技术产业开发区	物联网	2013.8
5	郑州新材料产业集聚区	超硬材料	2013.8
6	武汉东湖新技术开发区	光通信	2013.8
7	长春高新技术产业开发区	生物医药	2013.8
8	宝鸡高新技术产业开发区	钛产业	2013.8
9	苏州国家高新技术产业开发区	医疗器械	2016.1
10	南通市	海洋工程装备	2016.1
11	佛山市	机械装备制造	2016.1
12	天津滨海高新技术产业开发区	新能源	2016.1
13	烟台经济技术开发区	化工新材料	2016.1
14	成都市龙泉驿区	汽车	2016.1
15	广州经济技术开发区	卫星通信（北斗）导航	2016.1
16	潍坊高新技术产业开发区	半导体发光	2016.1
17	北京市丰台区	轨道交通光机电	2016.1

3. 专利导航指南国家标准

2018年，随着机构改革的开展，“按产业领域加强专利导航”纳入重新组建后的国家知识产权局的主要职责。2020年，国务院办公厅将“以产业数据、专利数据为基础的新兴产业专利导航决策机制”认定为第三批支持创新改革举措，要求国家知识产权局与发展改革委、科技部共同指导推广。2020 年 11 月 9 日，由国家知识产权局组织起草的《专利导航指南》（GB/T 39551—2020）系列推荐性国家标准发布，并于 2021 年 6 月 1 日起正式实施。

《专利导航指南》（GB/T 39551—2020）系列国家标准为推荐性国家标准，是国家知识产权局对多年来专利导航系列工作成果的总结和凝练，包括总则、区域规划、产业规划、企业经营、研发活动、人才管理以及服务要求等 7 个部分。该系列标准主要呈现以下特点：一是将专利导航试点工程、知识产权分析评议和知识产权区域布局等实践探索的专利信息利用方法拓展为面向区域规划、产业规划、企业经营、研发活动、人才管理等不同应用场景的专利导航方法；二是将专利导航实施过程解构为专利导航基础条件、专利导航项目启动、项目实施、成果产出、成果运用和绩效评价等工作流程，并对专利导航项目实施中的关键步骤进行分解，便于各类主体灵活运用流程化、模块化的工具和方法开展专利导航工作实践；三是以质量控制的方式加强全过程管理，并以绩效评价的方式加强结果管理，确保专利导航的决策建议有效应用。

三、审协广东中心在专利导航方面的探索

1. 百万级广东省战略性新兴产业专利导航工程项目

审协广东中心受广东省知识产权局委托先后开展了四项百万级广东省专利信息导航工程项目（领域涉及废弃资源再生循环利用产业、生物医学工程产业、高性能油墨产业、集成电路产业），通过挖掘专利信息情报为产业创新发展及高价值专利布局提供决策建议。

各项目分别针对广东省战略性新兴产业发展规划确定的重点领域，充分利用审协广东中心的专利信息和人才资源，在充分调研广东省相关企业的基础上，从全球、我国和广东省三个层面开展了专利分析和预警研究，剖析产业专利申请趋势、国内外重要申请人及其重点研发方向、重点技术分支的发展路线、可能存在的专利风险等。在项目实施过程中，举办了多

场报告发布会，并面向产业界发布了《废弃资源再生循环利用产业专利信息分析及预警研究报告》《生物医学工程产业专利信息分析及预警研究报告》《高性能油墨产业专利信息分析及预警研究报告》《集成电路产业专利分析及预警报告》等多份研究成果，形成了废弃资源再生循环利用产业专利数据库、生物医学工程产业专利数据库、高性能油墨产业专利数据库、集成电路产业专利数据库等系列产业专利数据库。

项目研究成果为广东省相关战略性新兴产业的技术研发指明了方向，同时对专利风险进行有效预警，为广东省编制“十三五”发展规划提供了政策建议，有力促进了广东省相关产业的创新发展和战略升级。

2. 审协广东中心为广州开发区氢能产业开展专利导航

2019 年底，为引导和支撑广州开发区氢能源产业发展，广州开发区知识产权局委托审协广东中心下属公司广州中新知识产权服务有限公司（以下简称中新公司）开展黄埔区广州开发区氢能源产业专利导航项目。

该项目将专利导航分析方法与产业、技术发展相结合，从广州开发区实际情况出发，在行业和企业发展现状分析的基础上，开展专利导航分析，梳理产业链布局情况，分析当前氢能源产业发展现状及趋势热点，揭示氢能源产业整体发展态势，明晰氢能源产业竞争格局，确定广州开发区氢能源产业发展定位，并进一步从完善政策体系、推进招商引智、强化创新能力、提升专利价值方面给出建议。

该项目为广州开发区氢能源产业区域发展、产业结构调整、提高氢能源产业创新能力、提升产业核心竞争力以及制定区域发展政策提供参考，有力助推了广州开发区氢能源产业的发展。

3. 卫星通信（北斗）导航产业专利导航为产业创新提供针对性解决方案

2016 年 1 月，广州经济技术开发区（以下简称广州开发区）被国家知识产权局认定为第二批国家专利导航产业发展实验区，选定产业为卫星通信（北斗）导航产业。审协广东中心下属中新公司承接了卫星通信（北斗）导航产业专利导航分析项目，推动产业专利导航实施。

该项目一方面开展产业规划类专利导航分析，通过开展卫星通信（北斗）导航产业国内外全产业链专利导航及典型企业重点技术领域微导航，帮助广州开发区厘清产业发展现状、技术现状、企业现状、人才现状、专利现状，确定自身产业定位，明晰产业发展方向；另一方面，选定广州开发区卫星通信（北斗）导航产业龙头企业广州海格通信集团股份有限公司以及极具发展前景的企业泰斗微电子科技有限公司，开展企业运营类专利微导航分析。

基于多层次专利导航，该项目形成了《广州开发区专利导航新机制促北斗卫星导航应用产业创新发展规划》和《广州开发区促进知识产权运营管理办法》，从产业规划政策、企业技术创新、招商引才、企业培育、专利创造、专利运用和专利保护等角度，为卫星通信（北斗）导航产业规划提供了详细的发展路径建议。与此同时，中新公司积极推动建设北斗导航知识产权联盟。2017 年 12 月，作为广州市首个产业知识产权联盟，北斗导航知识产权联盟正式成立。

该项目成果切实帮助广州开发区把脉卫星通信（北斗）导航产业发展现状，助力区内产业规划，弥补专利导航实战人才缺失，强化人才培养工作，并通过组建产业知识产权联盟整合和协调产业资源。北斗导航知识产权联盟中的企业不断扩充，切实发挥了资源共享和交流合作的平台作用。

第二节　专利导航的主要类型

《国务院关于新形势下加快知识产权强国建设的若干意见》明确提出："建立专利导航产业发展工作机制，实施产业规划类和企业运营类专利导航项目。"目前，我国正在开展的专利导航项目，大体上也可以分为针对产业的专利导航和针对企业的专利导航两个大类。其中，产业规划类专利导航主要围绕产业宏观层面的规划决策，为产业发展指明道路；而企业运营类专利导航则主要围绕企业专利运营活动，指引企业创新路径和专利布局，是宏观规划决策进一步落实的具体举措。我国也围绕产业专利导航和企业专利导航分别发布了《产业规划类专利导航项目实施导则（暂行）》和《企业运营类专利导航项目实施导则（暂行）》，详细介绍了两类导航工作的实施方法。

一、产业规划类专利导航

产业规划类专利导航紧扣产业分析和专利分析两条主线，将专利信息与产业现状、发展趋势、政策环境、市场竞争等信息深度融合，明晰产业发展方向，找准区域产业定位，指出优化产业创新资源配置的具体路径。以专利导航为目的的产业专利分析工作以促进产业发展为目标，以创新驱动发展战略为核心，将专利分析和专利运用融入产业技术创新、产品创新、组织创新和商业模式创新的过程中，充分发挥导航引领的作用，以提高产业自主发展实力、增强实验区企业参与国际市场的核心竞争力。

产业规划类专利导航从产业现状分析入手，梳理产业创新发展面临的问题，揭示专利控制力与产业竞争格局的特征关系，结合产业创新的政策资源，研究编写专利导航视角下的产业创新发展政策性文件，切实发挥专利导航的决策作用。

为了以专利分析获取竞争情报，有效导航产业发展，达到辅助产业转型升级和经济结构调整决策的目的，产业规划类专利导航的工作内容主要由产业情报分析、产业专利分析和产业规划设计三部分组成。

其中，产业专利分析是专利导航的核心内容，产业情报分析是将专利分析成果与产业发展实际相结合的重要前提，产业规划设计则是综合产业情报分析与产业专利分析的成果，从而形成专利导航产业发展的建议和指导。

产业情报分析主要包括两方面，一是发展环境分析，二是发展路径分析。

产业专利分析是运用专利导航方法，以产业分析为基础的专利分析，包括产业相关专利数据的获取、分析和挖掘。

产业规划设计是结合情报分析和专利分析，制定出专利导航产业创新发展的规划建议，从而对产业专利导航分析成果进行综合利用，辅助决策。

二、企业运营类专利导航

企业运营类专利导航以提升企业竞争力为目标，以专利导航分析为手段，以企业产品开发和专利运营为核心，贯通专利导航、创新引领、产品开发和专利运营，推动专利融入支撑企业创新发展。企业运营类专利导航项目与产业规划类项目可以有机衔接，但又相对独立，能够充分运用产业规划类专利导航项目成果，在产业专利布局态势和竞争格局的基础上开展，也可以直接从企业入手。

企业运营类专利导航从产业环境和企业现状分析入手，梳理企业创新发展面临的问题，指引企业创新路径和专利布局，其主要包括以下几方面内容。

企业发展现状分析。企业发展现状分析包括企业调研、报告撰写、报告论证等环节。

企业重点产品专利导航分析。以重点产品分析为基础的专利分析包括产品相关专利数据的获取、分析和挖掘。

企业重点产品开发策略分析。在对重点产品专利导航分析的基础上，结合企业发展的现状，分析企业重点产品的开发策略。

专利导航成果完善企业发展规划。在专利导航分析成果的基础上，结合企业总体定位和整体战略，实现专利导航企业创新发展。

第三节　专利导航的分析方法

在开展专利导航产业发展和企业运营的过程中，需要解决的问题千变万化，但基本的分析方法可以归纳为基础分析、深度分析、综合分析和特定需求分析。①

---

① 贺化. 专利导航产业和区域经济发展实务［M］. 北京：知识产权出版社，2013：81.

一、专利导航基础分析

专利导航的基础分析，主要从专利的基本属性入手，对专利的时间、地域、权利人、技术四个属性开展专利导航的相关分析。

时间分析。对于专利的时间属性，可以通过分析一段时期内的专利申请量、授权量来考察专利活跃度和专利价值，分析某个时间节点的专利布局来考察技术领先者的专利战略，分析专利的平均存续期来考察高价值专利的占比，最终形成专利导航的相关建议。

地域分析。对于专利的地域属性，可以通过分析专利所属的国家或区域来考察专利的集聚区，分析专利优先权来考察专利首次申请国，分析多方共同申请的情况来考察特定专利的价值度，并最终形成专利导航的相关建议。

权利人分析。对于专利的权利人，可以通过分析某个申请人或发明人的专利申请量考察其经济投入情况，分析授权量和有效专利考察其技术实力，在完全市场化的环境下分析申请人的类型（高校/企业/个人）可以考察专利的真实市场价值，分析核心发明人可以快速掌握技术发展轨迹，并最终形成专利导航的相关建议。

技术分析。对于专利的技术，可以通过分析专利的分类号分布情况来考察专利技术的聚集度，分析关键词、技术分解要素排名来考察技术热点和空白技术，也可以通过分析特定申请人的技术聚集度考察其技术优势的分布情况，以及分析特定申请人的技术扩散度来考察技术广度（交叉技术领域）的情况。

二、专利导航深度分析

专利导航的深度分析，主要从专利与技术的关系、专利与产业和企业的关系等角度进行深度的专利分析。

关键专利分析。一般来说，在每一项技术的发展过程中，都会出现改变生产力、提高生产效率的关键技术，对于技术演进路线中的关键的技术，企业都会通过专利进行保护。因此，掌握关键技术的相关信息对开展专利导航至关重要。对关键专利的分析，可着重从重要时间节点、标准专利、龙头企业的技术演进路线、专利的引证关系、专利的许可和转让等角度进行分析，找准关键专利，并详细分析关键专利蕴含的技术和市场信息。

专利功效分析。专利功效分析是构建专利与技术关联性的方法，能够直观地反映技术要素之间的相互关系，可以掌握专利布局重点与技术分支间的对应关系，了解专利申请人的布局意图和研发动向。对专利功效的分析，可以从专利功效矩阵、申请人矩阵、专利布局时间矩阵等方面，找寻专利与技术的分布关系。

新技术和淘汰技术分析。对于专利导航而言，了解新技术动向并掌握淘汰技术是给出合理导航建议的充分条件。对于这一类问题的分析，可以通过分析专利的时间分布趋势，发现技术的发展和衰退趋势并预测未来热点技术走向；通过分析龙头企业的研发方向掌握行业发展方向；通过分析热点地区的专利布局了解技术更替和技术发展路线。

专利与产业和企业的关联分析。在开展专利导航工作时，分析专利与产业的关系，能够从产业的宏观视角了解专利技术的分布情况、发展方向等，如分析产业发展历史、技术生命周期、产业技术构成与分工等。分析专利与企业的关系，能够从企业视角了解专利技术的分布情况、发展方向、技术融合度①、技术互补度②等。

三、专利导航综合分析

专利信息中蕴含了技术信息、法律信息、市场信息等，涵盖技术、竞争、人才等方面的重要情报。专利导航的综合分析就是通过分析专利信息得出这些竞争情报，为专利导航提供指引。但通过单一指标对专利数据进

---

① 技术融合度：表示不同企业在自身擅长领域的能力融合程度。相同技术能力的公司间进行合作或结为联盟，则会产生该领域技术含量更高的组织形态。

② 技术互补度：表示不同企业在自身弱势领域的能力互补程度。通过这一指标，企业可以找到市场上符合自身发展的合作伙伴或并购对象，增强企业自身的市场竞争能力。

行表征，并不能全面客观地给出准确的竞争情报，专利数据中蕴含的海量信息，也要求分析者建立一套包含多个指标的加权统计体系，从而给出对产业发展、企业运营更合理有效的建议。

在专利分析中，每一个指标都只是对简单变量进行的简单数量描述和类型分布描述，并不能直接分析深层次的问题，也无法直接产生专利导航的结论。由于单个指标表征简单、信息单一，因此在分析专利数据时，很难将之与其他相关的现象联系起来，即使在分析专利自身的情况时，也会由于指标不能提供丰富的信息，而导致分析只能停留在表面，无法揭示其背后的深层次问题①。

建立专利综合指标体系，对于专利导航而言是非常必要的。一般来说，专利具体指标大体包括数量类（如申请量、PCT 申请量、同族量等）、质量类（如技术水平、法律状态、寿命等）和经济类（如实施、许可、质押、融资等数据）。具体分析时，通过可行性分析，设置每个指标之间的权重关系，综合考虑客观性和实用性，建立专利综合指标体系，如图 5－1 所示。

随着科技活动与经济活动的联系日趋紧密，专利活动与经济活动的联系也在不断加强。一些专利的出现和实施甚至会改变某个企业的生存状况、发展路径，甚至会改变整个行业的发展方向。而如果仅将专利指标限于衡量专利本身数量的大小，那么就不能揭示专利对经济发展的促进作用。因此，在实际的分析研究中，应当将专利指标和经济增长建立对应的数学模型关系，这也是专利综合分析的一个重要目标②。

专利综合分析的另一个目标是展示以专利为代表的综合实力和竞争力。专利分析内容可以作为国家和地区的科技、经济统计评价指标体系的一部分，可以提高专利在国家科技、经济活动中的显示度，促进相关部门开展研究工作，可以为制定和实施我国专利战略（包括国家、行业和企业三个层面的专利战略）提供客观、科学的数据支持，对国家、行业或地区

① 贺化．专利导航产业和区域经济发展实务［M］．北京：知识产权出版社，2013：110．
② 魏雪君，葛仁良．我国专利统计指标体系的构建［J］．统计与决策，2005（06S）：68．

的科技创新和经济发展起到宏观导向作用。①。

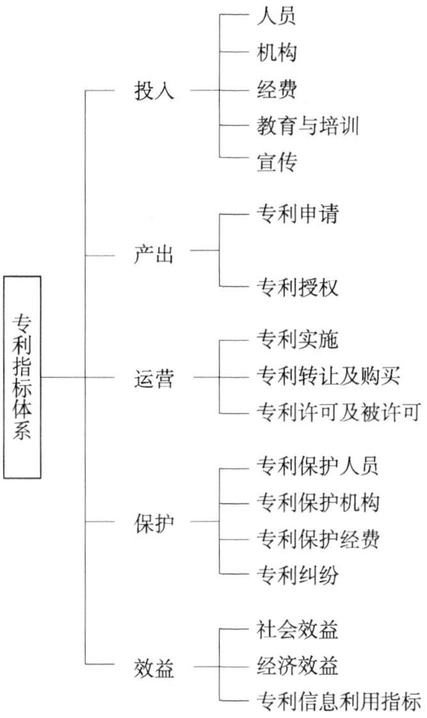

图 5－1　专利综合指标体系框架示例②

四、专利导航的特定需求分析

1. 公司分析

公司分析是针对特定的目标公司展开的调研分析，可以用来详细了解目标公司的整体情况，多用于解决企业上市（IPO）、遭遇专利侵权纠纷等问题。其分析内容包括：公司概况分析、产品分析、核心技术分析、专利地图分析、专利布局分析、技术转让分析、许可及诉讼分析、公司商业模

① 贺化．专利导航产业和区域经济发展实务［M］．北京：知识产权出版社，2013：110.

② 广东省知识产权局．广东知识产权年鉴：2007［M］．广州：广东人民出版社，2007：544.

式分析等。

2. 产品分析

产品分析是针对特定产品展开的调研分析，包括对产品的基本信息、市场竞争态势及其相关的知识产权进行分析，多用于解决产品投放市场、产品进出口贸易、境内外参展、专利维权等问题。其分析内容包括：产品概况、产品市场分析、产品竞争分析、产品联盟分析、专利地图分析、专利布局分析、技术转让分析、许可及诉讼分析等。

3. 技术分析

技术分析是针对特定技术进行的调研分析，例如特定产品中所使用的某一项技术。技术分析多用于解决技术引进、人才引进、企业并购、标准制定等问题。其分析内容包括：技术概况、竞争分析、技术联盟分析、应用趋势分析、专利地图分析、专利技术解析、技术转让分析、许可及诉讼分析等。

4. 侵权调查分析

侵权调查又称自由实施调查（Freedom to Operate，业内简称为FTO调查），是针对特定技术或者具体产品进行的专利调查分析，可以确定相关技术或者产品是否落入专利的保护范围，从而判定是否存在侵犯专利权的可能[①]。侵权调查分析多用于解决产品上市或出口、境内外参展、技术引进、人才引进、企业上市等问题。其分析内容包括：专利风险排查、专利侵权判定、权利人分析、风险应对策略等。

5. 规避技术分析

规避技术分析是指通过变更自己的技术研发方向或专利保护范围来规避侵犯他人专利权的一种方式。规避技术分析多用于解决产品上市或出口、技术引进、企业上市等问题。其分析内容包括：专利保护范围分析、技术方案分析。

6. 专利性分析

专利性分析主要指两个方面，一是指是否可以获得专利权，即在专利申请之前判断该发明创造是否是专利保护的客体以及该技术方案是否符合

---

① 谢顺星．专利咨询服务［M］．北京：知识产权出版社，2013：149.

专利的“三性”（新颖性、创造性及实用性）；二是指获得专利权后的稳定性，即专利授权之后，判断该专利的寿命和被宣告无效的可能性。专利性分析多用于解决产品投放市场、产品出口、境内外参展、技术引进、人才引进、企业上市、专利侵权纠纷、专利布局等问题。其分析内容包括：专利基本信息（技术方案和著录项目）、权利要求分析、专利稳定性分析、无效分析等。

7. 专利价值分析

专利价值分析是指对特定的一件或者一组专利进行价值度评价，考量专利在技术层面和经济层面的价值。专利价值分析多用于解决技术引进、人才引进、专利许可和转让、专利质押融资、企业上市并购等涉及专利技术交易的问题。其分析内容包括：专利的技术价值、专利的法律价值、专利的经济和市场价值。

8. 产业分析

根据现代产业经济学的 SCP 范式（Structure-Conduct-Performance）分析理论①，产业结构决定产业内竞争状态，并决定企业战略及行为，从而最终决定企业的绩效。实施产业专利导航，首先要了解相关区域在产业发展中的位置。对于开展专利导航工作而言，产业分析一般是指对产业的发展现状进行分析，通常需要对全球、各个国家及区域的产业发展状况进行调研分析，包括产业概况分析、市场竞争情况分析、技术发展趋势分析等。其分析内容包括：产业边界的界定、产业结构分析（产业链）、产业动态分析（竞争情报、新技术、新的进入者等）、产品/技术结构分析。

9. 政策与市场环境分析

在市场经济环境下，产业政策对产业发展具有直接的导向作用。产业的发展依赖于国家或者地方对该产业的相关政策。例如关于新能源汽车行业，国家出台过各项政策积极引导社会发展新能源汽车，使得社会资金和资源、优秀人才大量涌入新能源汽车行业，一定程度上促进了该产业的大力发展。② 再比如我国近年出台的环保政策，对企业的环保等级提出了很

① 卢福财，吴昌南．产业经济学［M］．上海：复旦大学出版社，2013：63．
② 孙晓霞．绿色产业政策［M］．北京：中国环境出版社，2016：50．

高的要求，对环保工作开展较好的企业会给予一定的政策倾斜。相应的污染较重的行业，如低端化工、有色金属行业，其发展便会受到抑制。[①] 市场环境与企业的市场营销活动密切相关。市场环境的变化，既可以给企业带来市场机遇，也可能形成某种威胁。因此，对市场环境的调研，是企业开展经营活动的前提。其分析内容包括：政策分析、市场环境分析。

五、专利导航分析建议

对于专利导航的信息分析而言，应当进行多方面、多维度、相互组合的比对分析，从而反映出更多有价值的信息。分析时，需要以产业实际出发，在与产业密切相关的产品结构、技术结构上进行各种分析图表的整合，以事实反映产业问题，用产业通用的语言，去进行分析、解读和观点阐述。

以下提出一些分析建议，供读者参考，在实际的报告制作中，也不必拘泥于以下形式。

对标的技术作详细的介绍和分解，可以从产品结构和/或技术结构方面入手。产品结构和/或技术结构又可以结合专利分析来完善，再对具体技术节点进行细节分析。例如，可以对各技术节点的专利申请趋势、分布区域、主要申请人等进行分析。

对全球主要国家/地区的专利申请进行比对分析，可以从来源国/目标国的角度进行比对分析，进而分析全球专利布局；还可以对各国具体技术发展、各国历史和政治背景、技术背景、技术重点方向等做全面分析。各国的专利申请情况还可以结合专利权人进行分析，以反映各国技术垄断情况、竞争对手分布情况等。

涉及技术标准的，报告需要对所述标准相关的专利进行分析，对许可政策以及委托方在该标准中获益的可能性进行分析；可以分析该标准相对于其他标准的特殊性，以提出对国家、企业在推广该标准时应该特别关注

---

① 中国环境年鉴编辑委员会. 中国环境年鉴：2016［M］. 北京：中国环境年鉴社，2016：181.

的事项；还可以增加标准中涉及版权、商标的分析。

在介绍专利布局情况时，可以分析相关申请人的技术方向、知识产权成本和专利布局地域。同一申请人的多种技术也可以做比较分析，还可以对不同申请人占比情况随时间变化进行分析，从而可以看出各竞争对手在该技术领域的技术发展路线，以及本领域不同时间点上竞争对手市场分布概况，为企业提供一定的指导。建议将全球专利布局情况、中国专利布局情况相互结合比对，以反映中国在本行业的位置、发展概况、机遇与挑战。

专利分析可以结合产品结构/技术结构/申请人/申请日/申请区域进行解析，还可以对专利布局的缺失或机会以及专利“雷区”进行分析。可以结合专利分析对技术发展，如技术发展重点方向、研发空白点等进行分析，从而可以对委托企业的发展方向、研发方向以及可采取的策略给出实质性的导航建议。

专利分析可以对基本专利、核心技术、核心专利进行分析，为企业提供切实的建议。对基本专利和核心专利的选择，可以采用多角度的数据分析来确定，以提高可靠性和可参考性。

在政策方面，可以从政策类别、动向、年度等多方面进行分析，也可以将这些方面与专利分析结合，并给出政策建议。但这部分篇幅不宜过长，可以采用读者易于接受的表达方式，例如用表格方式、图像方式进行表达。

专利分析可以对高校和科研院所的专利申请进行单独分析，为产学研结合提供参考信息。

第六章　专利导航产业发展

专利导航产业发展，并不意味着依靠专利去解决产业发展面临的所有问题，也不意味着仅通过专利就可以形成支撑产业发展的核心动力，而是要站在产业发展的高度，去深刻理解专利在产业发展中的影响力和作用方向，结合产业发展规律和市场发展趋势，发挥专利在技术创新中的促进作用，以技术创新带动企业和产业整体能力提升，增强市场竞争力，实现企业、产业和区域的可持续发展①。

在专利导航产业发展的过程中，要充分解读专利信息中所蕴含的专利情报，充分了解产业所处的发展阶段和发展趋势、内外部环境、市场竞争态势等。从产业链、企业链、价值链入手，筛选核心专利和重点专利，分析专利的市场影响力，并对产业发展趋势和未来市场规模作出预判，更好地贴近产业发展实际需求，形成专利引导产业发展规划的良好格局。

第一节　产业情报分析

一、产业发展环境分析

专利导航产业发展，首先要重视产业所在区域的资源条件、产业基础、技术基础、政策导向、市场竞争等方面的状况，充分结合产业所在区

---

① 国家知识产权局办公室政策研究处．优秀专利调查研究报告集：8［M］．北京：知识产权出版社，2015：110.

域的资源禀赋和现有产业基础，发展优势产业。

产业在发展过程中，要审时度势，密切关注国内和国际的发展环境，要熟悉产业发展新格局、新变化，了解产业分工、产业承接和产业转移的新趋势，并综合考虑我国东西部地区的差异和发展现状，制定合理的产业发展规划，尽可能减少低水平的重复投入建设和对产业发展而言的无意义竞争，加强产业内技术创新合作和市场开发力度，进一步形成具有市场竞争优势的产业集群。

1. 政策分析

产业专利导航的相关政策主要是指产业政策。产业政策是一个国家的中央或者地方政府制定的，为了产业长远发展利益而主动干预产业活动的各种政策的总和。[①] 产业政策一般是为了引导产业发展方向、推动产业升级、协调产业结构、使国民经济健康并可持续发展而制定的。[②] 产业政策主要通过制定国民经济计划（包括指令性计划和指导性计划）、产业结构调整计划和产业扶持计划，以及财政投融资、货币手段、项目审批来实现。

在市场经济运行中，产业政策具有导向作用。产业的发展离不开中央或者地方对该产业的态度及相关政策，因此，在做专利导航时需要对产业所处国家或地区的产业政策进行充分调研和分析。中国的产业政策主要体现在带有“规划”“目录”“纲要”“决定”“通知”“复函”之类的文件中，如《船舶工业调整和振兴规划》《船舶工业中长期发展规划（2006—2015年）》等。产业政策分析的重要内容如表6－1所示。

表6－1　产业政策分析的主要内容

项目	内容
技术发展政策	国家/地区对某一产业的发展规划
区域规划政策	产业在不同地区的发展侧重点
环保政策	保护生态环境、自然资源、污染防治的相关政策
外贸政策	对外贸易政策、进出口相关政策
金融与税收政策	对特定行业的金融与税收优惠政策

① 黄利秀，张华忠．产业经济学［M］．西安：西安电子科技大学出版社，2018：173－183.

② 吴万宗．劳动者收入差距：来自中国的产业证据［M］．上海：立信会计出版社，2018：36.

2. 市场环境分析

市场环境是指影响产品生产和销售的一系列因素。这些因素与企业的战略制定、市场营销活动密切相关。对企业而言，市场环境的变化既是机会，也可能形成威胁。一般来说，市场环境包括宏观环境、产业环境和竞争环境。对市场环境的调研，是企业开展经营活动的前提①，市场环境分析的调研内容如表 6－2 所示。

表 6－2 市场环境分析的调研内容

项目	内容
宏观环境（PEST）	政治和法律（P）、经济（E）、社会文化（S）、技术（T）
产业环境	产业竞争性质和潜在利润、产业内部企业差异和地位
竞争环境	合作方，竞争者，竞争对手的未来目标、先行战略、自我假设和潜在能力

在表 6－2 中，调研产业竞争性质和潜在利润是指通过分析找到新进入者、现有竞争厂商之间的竞争品和替代品的威胁，以及购买者和供应者的谈判能力等，一般使用迈克尔·波特教授的竞争战略理论中的五力模型②进行分析。分析产业内部企业差异和地位是指通过分析企业的战略，将企业分成不同的集团，从而深刻地认识产业及其竞争关系。另外，在竞争分析中，市场信号可能反映出竞争对手的真实意图、动机和目标，也有可能是虚张声势、声东击西，要注意辨别真伪。

二、产业链分析

产业链的思想来源于亚当·斯密的分工理论③。西方经济学家早期的

---

① 丁国颖．市场营销与战略规划［M］．长春：吉林出版集团股份有限公司，2018：32.

② 波特竞争战略理论是企业在拟定竞争战略时，必须要深入了解的竞争法则。其主要包括五力模型、三大一般性战略、价值链、钻石体系和产业集群。波特认为，竞争法则可以用五种竞争力来具体分析，这五种竞争力包括既有竞争者力、新加入者的威胁力、客户的议价能力、供货商的议价能力及替代品或服务的威胁力。

③ 1776 年，亚当·斯密在《国富论》中第一次提出了劳动分工的观点，并系统、全面地阐述了劳动分工对提高劳动生产率和增进国民财富的巨大作用。劳动分工理论对于管理理论的发展起到了十分重要的作用，后来的专业分工、管理职能分工、社会分工等理论，都与斯密的这一学说有着“血缘关系”。

观点认为，产业链是制造企业的内部活动，它是指把外部采购的原材料和零部件，通过生产和销售等活动，传递给零售商和用户的过程。但是，这一传统的对产业链的看法只强调企业自身资源的利用，仅把产业链看作一个产品链①。新古典理论和新古典学派经济学代表人物马歇尔把分工扩展到企业与企业之间，强调企业间的分工协作的重要性，这可以称为产业链理论的真正起源②。20 世纪中期，赫希曼在《经济发展战略》一书中，从产业的前向联系和后向联系的角度论述了产业链的概念③。但随着供应链、价值链等理论的兴起与运用，对产业链的研究相对弱化。迈克尔·波特在《竞争优势》一书中首次提出价值链的概念，认为“每一个企业都是在设计、生产、销售、发送和辅助其产品的过程中进行种种活动的集合体。所有这些活动可以用一个价值链表示出来”，并进一步指出“企业的价值创造是通过一系列活动构成的，这些互不相同但又相互关联的生产经营活动，构成了一个不断实现价值增值的动态过程，即价值链”。产业链和价值链之间有着本质的联系，都表达了具有某种特征的不同要素之间的相互联系和经营链条之间的相互依存。实际上，价值链理论正是从微观层面和价值创造的视角阐述了产业链中价值增值的原因和机理④。荷利汉认为，产业链是从供应商开始，经生产者或流通业者，到最终消费者的所有物质流动⑤。史蒂文斯将产业链看作由供应商、制造商、分销商和消费者连接在一起组成的系统，其中贯穿着反馈的物流和信息流。此观点把产业链不仅仅看成是一个产品链，同时也是一个信息链和功能链，强调信息和产品同等重要，产业链中存在反馈过程⑥。哈里森基于价值网络的概念，将产业链定义为采购原材料，将它们转换为中间产品和成品，并且将成品销售

---

① 亚当·斯密. 国民财富的性质和原因的研究［M］. 郭大力，王亚南，译，北京：商务印书馆，1994：12-16.

② MARSHALL A. Principles of Economics［M］. London：Macmillan，1920：1877-1890.

③ 李一鸣，刘军. 产业发展中相关理论与实践问题研究［M］. 成都：西南财经大学出版社，2006：47-57.

④ PORTER M E. Competitive Advantage［M］. New York：The Free Press，1985：11-15.

⑤ 芮明杰，刘明宇，任将波. 论产业链整合［M］. 上海：复旦大学出版社，2006：6.

⑥ STEDVENS K，RAHAM J. lntegrating the Supply Chain［J］. International Journal of Physical Distribution and Material Management，1989（19）：3-8.

到用户的功能网络，开始关注产业链产生价值贡献的功能作用①。

目前，基于产业链理论的研究仍处于发展阶段，国内学者主要从交易费用理论、价值链理论、产业集群理论等视角对产业链的形成进行了分析。学者吴金明等从价值链理论的视角分析了产业链的形成②，认为产业链形成的动因在于产业价值的实现和创造，产业链的形成首先是由社会分工引起的，在交易机制的作用下不断引起产业链组织的深化。产业链的产生与发展，与在经济现实中大量涌现的经济现象密切相关，与产业集群的关系尤为密切。学者龚勤林③从产业集群理论的角度分析了产业链的形成，指出产业集群与产业集聚是形成区域性产业链的必要非充分条件，只有经济活动在特定地域空间上集聚形成产业集群，产业集群的多种经济技术联系才能引导和培育若干环节简单的链条。学者刘富贵和赵英才提出④，产业链的组织属性是介于市场和企业之间的一种中间组织形式，这个准市场组织是一个有组织的市场和有市场的组织的叠加体。

根据现代产业经济学的 SCP 范式（Structure-Conduct-Performance）分析理论⑤，产业结构决定了产业内的竞争状态，并决定了企业的行为及其战略，从而最终决定企业的绩效。因此，产业链分析是产业专利导航分析的基础。

产业链分析主要是从产业链、供应链和价值链以及产业发展动向层面了解产业发展历史，以产品的生命周期来推测产业演进，从技术发展的萌芽期、成长期、成熟期和衰退期的发展过程预测产业发展变化。同时，了解产业竞争者框架，对竞争对手的现行战略、未来目标以及拥有的能力进

---

① HARRISON J S. HALL E H. NARGUNDKAR R. Resource Allocation as an Outcropping of Strategic Consistency: Performance Implications [J]. Academy of Management Journal, 1993 (36): 1026 - 1051.

② 吴金明，郡永旦. 产业链形成机制研究："4 + 4" 模型 [J]. 中国工业经济，2006 (4): 36 - 43.

③ 龚勤林. 区域产业链研究 [D]. 成都：四川大学，2004：3 - 4.

④ 刘富贵，赵英才. 产业链节点企业研究 [J]. 工业技术经济，2006，25 (09)：70 - 72.

⑤ SCP 理论是 20 世纪 30 年代哈佛大学的学者创立的产业组织理论。最初由哈佛大学教授梅森首先提出。作为正统的产业组织理论，哈佛学派以新古典学派的价格理论为基础，以实证研究为手段，按结构、行为、绩效对产业进行分析，构架了系统化的市场结构（Structure）—市场行为（Conduct）—市场绩效（Performance）的分析框架。

行初步掌握。了解市场信号变化趋势，从市场信号中得到竞争者意图、动机及其潜在行动的可能性，及时识别风险。具体来说可以从以下几个维度进行分析。

1. 产业发展历史及动向

专利导航产业发展要实现“围绕产业需求，解决产业问题，服务产业发展”的原则①，需要对目标产业的发展历史充分了解，并能够对产业未来发展趋势进行合理预判。通过对产业周期的了解，把握产业发展规律，能够提前规划专利布局，在产业成熟期时获得市场主动权。

产业发展历史及动向分析，主要在于了解目标产业的基本状况，例如各主要国家/地区产业发展现状及策略，包括政府对于该产业的态度、与产业技术相关的专利布局、产业的规模、产业发展的优劣势、行业主要竞争者、行业产能、市场占有率分布等。

2. 产业链构成

产业链的形成与全球一体化所导致的国家/地区的分工密切相关，对目标产业链的清晰了解，有助于认识区域间产业发展的类型分布，以及劳动密集型、资本密集型和技术密集型的产业构成，从而掌握价值链在产业上中下游的分布，找到其中影响产业价值差别的原因，发现专利在价值链中的重要程度。

产业链分析可以将产业链上中下游的企业、产品、区域作对比分析，将丰富的产业信息通过表格归纳后，制作出可以清楚了解整个产业缩影的产业链示意图。产业链示意图至少应包含上中下游及其对应的产品、企业以及所属地域，在此基础上可再增加新的信息进一步扩充、更新。同时，需要持续搜集并整理这些产品与其对应生产企业的信息，从中判断是否有企业退出市场或有新的企业加入产业链参与竞争。

产业链分析除了从宏观层面分析产业链构成，还要从微观层面分析产业链的专利价值分布，从专利的角度找到产业可以突破的关键环节，引导科技成果和技术转化向专利价值链的高端聚集。在形成具有国际竞争力的技术实力的基础上，同步形成拥有国际竞争力的专利综合实力。主要围绕

---

① 贺化. 专利导航产业和区域经济发展实务［M］. 北京：知识产权出版社，2013：214.

合资关系、并购关系、共同开发、专利许可、侵权诉讼、行业政策与市场环境等相关问题进行分析。

3. 产业生态系统与生命周期

产业生态系统与生态环境融合了产业链和价值链的概念。从知识产权视角切入，能够很好地将专利系统融入产业系统、经济系统及其同自然系统的相互关系中。我国当前面临的产业转型和突破，已经不仅仅是某一领域或某项技术上的突破，而是上升到了整个产业所涉及生态系统的总体能力的提升。全球经济一体化进程导致的国际分工使得我国经济发展与世界关联性越来越紧密，这意味着如果所有产业都完全自主抛弃现有的国际规则和产业基础，而花费大量财力、物力、人力和科研投入重新建立新的产业生态系统，是很难实现的。

因此，认清所处产业的生态系统环境，找准目标产业切入全球产业的恰当方式，更好地融入全球市场经济中，是我国产业整体转型升级的可行途径。在此过程中，通过将政府引导与企业发展相结合，逐步构建起可控的产业生态环境，才是现阶段我国企业需要重点关注的转型方向。

能够准确地驾驭产品生命周期是赢得未来市场主动权的关键。了解产业更替周期及产品生命周期，对由技术进步所引发的产业更替时机进行准确预判，对调整现有产业结构、实现对未来市场的掌控具有举足轻重的作用。

4. 典型的产业链分析示例

以废弃电器电子产品处理行业为例，其产业链逃脱不了回收、资源化加工处理和再利用这一循环。回收的经营模式多种多样，在我国，回收是以用户被动回收为主。通常是经营者以一定代价进行点对点（经营者对散户）的回收，回收效率低下，不能充分及时地进行处理，导致回收的部分废弃电器电子产品为残缺品，影响了其后企业生产信息的统计①。当然，并不是所有的废弃物都能进行资源化加工。以冰箱制冷器为例，其早期使用的制冷剂就不能满足现今的环保要求，需要被处理掉。这些制冷剂虽然

① 中国循环经济协会，国家知识产权局专利局专利审查协作广东中心. 废弃电器电子产品处理产业专利导航研究报告［M］. 北京：知识产权出版社，2018：17.

也可以通过一系列化学反应使其被转化利用，但综合价值不高。因此，所衍生出的产业发展就没有积极的推动力量，对于此类废弃物往往是采取简单粗暴的焚烧等方式进行处理。废弃电器电子加工处理是个工艺和工序复杂的综合处理系统。如废弃原料获得工序，首先是需要进行破碎处理。破碎处理可分为物理法和化学法，虽然其涉及的工艺复杂，但还不能作为一个产业发展点独立开来，因为其所创造的价值是较低的，但其所衍生的破碎操作中针对装置和工艺的开发却形成了完整的产业链，这是基于整体价值发展的驱动，因为有了破碎操作才会有后续的继续处理。

三、企业链分析

企业链的分析目标是找到技术引领者、市场主导者、产业跟随者和新进入者。通过了解产业内所有企业的基本状况，清楚区分技术引领者、市场主导者、产业跟随者和新进入者。找准目标产业龙头企业在国内和国际上的定位，确定主要竞争对手和发展目标，研究竞争者的市场策略。

1. 区分企业发展类型

在专利分析前对目标产业中的企业进行归类，可以正确定位企业在产业链的位置，为找出产业内在专利方面影响力大的企业提供依据。对企业进行分类，找准影响产业发展的关键因素，可以为专利分析确定重点研究目标提供参考。

市场主导型。市场主导型企业多属于龙头企业，具有较大规模和较强的市场控制力，往往是产业前行的直接推动者和先进技术的开发者。因此，这些企业是对目标产业进行专利分析时重点研究的对象。

技术引领型。技术引领型企业的主要特点是具有领先的技术创新能力。市场主导型企业由于具有资金、技术等先发优势，大多数情况下也是技术引领型企业。除企业外，大学、科研院所甚至个人往往也可能是先进技术的产出者。专利分析的重要任务之一是要找出在目标产业内掌握先进技术的主体。

产业跟随型。产业跟随型企业对产业的控制力小于市场主导型企业，专利强度相对较弱，专利申请的目的多为参与市场竞争与合作。产业跟随型企业虽然专利强度相对较弱，但是其专利布局策略和方法以及融入产业的方式，还是值得在专利分析时进行深入研究的，可以总结相关经验供国内企业参与国际竞争时借鉴。

新进入者。新进入企业是专利分析中值得重点关注的企业类型。市场热点和对未来发展趋势的判断使得现有企业在业务领域和范围内不断地转型和探索，同时新兴和初创企业的涌现也加大了专利热点领域的竞争。这些产业的新进入者也构成了专利分析的主要目标。就企业市场竞争角度而言，在迈克尔·波特教授总结的五大作用力中，潜在竞争者或新进入者的威胁是其中一个重要因素。① 以苹果公司为例，在 2007 年转型进入智能手机领域后，凭借颠覆性创新重新定义了手机产品，使得智能手机市场迅速扩张，并一举成为智能手机市场的领导者。反观手机产业“原霸”主诺基亚公司，却因未能及时判断产业发展趋势而日渐衰落。因此，通过专利动向发现产业的新进入者，判断其研发方向和经营模式，有助于改进现有产业内企业发展的不足，及时调整发展方向和策略。

2. 了解企业经营模式

挑选出专利分析重点研究的企业后，要进一步对这些企业的经营模式进行分析。例如，企业是单一化经营还是集团化经营，是集中式经营还是分散式经营，是区域性经营还是全球性经营，以上要素涉及专利分析数据采集的方向和范围。

3. 熟悉企业间战略联盟

企业间战略联盟日益成为多数产业发展的模式，出于成本、风险、技术、战略等多种因素的考量，越来越多的企业采取联盟的形式来增强企业竞争力，从而抵御竞争对手和多变的市场环境。通过对企业间战略联盟形态的梳理，可以在专利分析时更好地判断企业间专利的互补性和融合性。

四、技术链分析

技术链分析的目标主要是搞清楚技术分支、主流技术、热点技术、空

① 贺化. 专利导航产业和区域经济发展实务［M］. 北京：知识产权出版社，2013：226.

白技术等。其分析的主要内容包括：了解产业内主流技术的演变情况，初步掌握热点技术、关键技术、技术壁垒、空白技术和前瞻或先导技术的发展脉络，以及技术持有者的类型、产业影响力和市场控制力。此外，还要对技术交易、技术转移、技术许可等技术流向和形成因素有初步了解。

基础技术起源。技术链分析首先要对目标产业化技术的基础起源全面掌握，包括技术产生背景、技术持有者等情况。为寻找基本专利，应沿着技术发展的脉络绘制技术路线演进图，提供准确的专利依据。

技术演进路线。技术在发展过程中可能会出现多种路线方案，深刻了解每种技术方案的内涵和产生原因，对准确绘制技术演进路线以及区分专利归属路线至关重要。不同的方案在技术创新和改进方面必然存在差别，因此准确识别出专利的属性，绘制出准确的技术演进路线图，是专利分析过程中需要面对的重要课题。

替代技术与产业化预测。分析的主要目的是从技术演进路线中进一步发掘替代技术及影响产业化的因素。在综合比较技术成熟度、成本和市场接受度的情况下，对可能出现的替代技术开展专利分析。此外，通过专利布局的成熟度也可以初步判断该技术是否具有产业化的可能。①

五、市场竞争分析

市场竞争分析的目标是搞清楚竞争要素、替代威胁、法律要素、战略定位等。其主要分析内容包括：通过充分的市场调研，了解市场竞争要素，以及市场对产业发展的反馈影响。总结现有企业间的竞争、替代技术或替代品的威胁、新进入者的威胁，以及成本、人才、技术、资源等要素在市场竞争中的平衡点和交叉点，找到促使市场出现拐点的主要因素，对目标产业在市场中的战略定位进行初步规划。

1. 了解市场

对目标产业的市场基本要素展开分析，对产量、份额、增长率等指标

① 贺化. 专利导航产业和区域经济发展实务［M］. 北京：知识产权出版社，2013：229－230.

进行收集整理。数据素材可以来源于专业市场分析机构或咨询公司的评估报告。具体可以针对龙头企业市场表现和主流技术市场表现进行梳理。

2. 关注主导者

除了关注目标产业的市场外，对产业内市场主导者的产业动向也应及时观察，以此判断产业未来发展方向，为专利布局方向和规划寻找证据。特别要关注主导者的战略布局业务转型、专利并购等信息。

3. 判断市场信号

市场的需求往往是技术创新和专利热点的原动力。准确判断市场变化及其影响因素，能够有效指导研发方向和加快产业化进程，减少市场误判带来的技术和资金投入损失，有助于提前开展专利布局。了解产业发展趋势，关注市场传递信号，形成早期判断，对技术研发投入和专利布局具有指导作用。

第二节　产业专利分析

产业专利分析是专利导航的核心内容。产业专利分析可以首先从专利态势分析展开，主要采取定量分析的手段，从全球、中国和特定区域三个维度，对专利技术发展趋势、专利区域分布、专利主要申请人和专利技术主题进行全面研究；同时还可以围绕各项指标，结合产业发展特点，着重选择某些指标进行综合分析。

在此基础上，可以根据需要进一步开展专利价值和运用分析。主要采取定性分析的手段，结合专利态势分析的成果，从专利创造、运用、保护和管理等环节入手，针对实验区产业实际情况，着重在专利与标准化、专利联盟与专利池、专利诉讼、专利并购、专利融资以及专利预警和维权等方面展开，突出专利在产业发展中的引导和支撑作用。

一、基础分析

基础分析主要是对目标产业的专利状况进行初步摸底。从专利申请/授权趋势、申请人、申请地区/技术来源以及各技术分支的专利态势来发现该产业专利布局的基本情况。

1. 专利态势分析

通过定量分析，判断产业整体的专利趋势和动向以及技术研发活跃期，分析判断目标产业所处的生命周期阶段，为调整产业政策和优化布局提供参考。专利态势可以从宏观上显示出专利技术在时间上的活跃度情况，微观上则可以显示出技术发展动向、企业专利布局动向和区域专利发展动向。

2. 专利布局分析

通过分析产业的专利拥有量、有效量和布局情况，对技术的主要来源地区、专利的布局区域和各国家在某一领域的技术创新能力进行初步摸底。通过分析专利在不同区域的情况，可以掌握专利聚集的国家或地区，在企业进入相应国家或地区时，要根据各国专利法规进行深入的专利分析。

3. 主要/重点申请人分析

通过分析发现某一领域的技术创新主体，并对专利活跃度和密集度高的申请人开展深入的研究。通过对专利申请人的研究能够看出某一领域内专利申请人的技术活跃度情况及其专利布局策略。有时候，专利申请人以合作申请的方式出现，这反映的是企业间的技术合作情况，在专利联盟形态较为成熟的产业内具有很强的代表性。对专利合作申请的研究不仅能摸清企业间的技术研发重点和重点专利技术分布情况，还能掌握企业间战略联盟的组织形式，为企业技术研发决策和国际化提供参考。

4. 重要技术点/技术主题分析

通过分析某一领域核心技术，找到专利热点以及技术空白点，分析技术聚集的背后原因，从技术链的角度分析专利附加值的高低。

掌握重要技术和专利技术主题的变化对了解技术的发展趋势，以及形成对未来发展的规划判断具有一定的指导意义。

二、深度分析

通过基础分析进行专利情况摸底后，针对产业特性和专利分析需求，对重点关注的专利问题展开深度分析，结合主要专利申请人、产业主导者、产业联盟中的专利组合、热点技术专利分布和趋势等内容开展深入的专利分析。

1. 专利技术功效矩阵分析

专利技术功效矩阵是构建专利与技术关联性的有效方法，能够直观地反映技术要素之间的相互关系，可以快速了解专利布局重点与技术分支间的对应关系，了解专利申请人的研发动向和布局意图。

围绕产业发展的重点技术，绘制包括全球和国内的重点专利技术功效矩阵，能够有效发现专利优势、聚集区、空白点，指导实验区产业后续的专利规划。

2. 新技术和落后技术分析

围绕产业的发展程度，结合全球相关产业发展状况，对近年来的专利发展态势进行初步分析，可初步判断相关产业未来发展趋势了解新技术和落后技术的基本情况。具体可通过以下方式进行分析。

以近几年专利申请量为依据，从时间、技术的角度进行分析，找出专利申请量持续增长或是出现下降的拐点所对应的技术，并结合主要申请人在该领域的专利增量来判断相关技术是否处于热点或衰退的状态，并预测未来一段时间内可能出现的热点技术及专利布局状况。

3. 关键专利分析

关键专利的技术演进过程始终伴随着专利的产生。因此，以技术为基础结合专利权人、申请时间等因素，对技术演进过程中关键节点的重要专利进行分析，能够全面掌握支撑技术发展的核心专利和外围专利的布局时间和特点。通过对技术路线演进中关键专利的挖掘，可以对基础技术及外围技术的专利分布情况追本溯源，更好地了解技术、专利和产业发展间的内在关联。对化解产业化风险和实现有效专利包围至关重要。

一般来说，关键专利可以通过检索颠覆性技术、替代技术和改良技术所对应的专利来分析得到。另外，龙头企业的核心技术和标准专利，以及引证次数也可以作为重要专利的指标。

三、特定需求分析

专利的基础分析、深度分析和综合分析主要从定量和定性的角度对专利统计分布和重要性程度进行研究。针对产业中存在的需集中解决的专利疑难问题，以及产业、区域和企业在专利方面的主要诉求，要从专利创造、运用、保护和管理四个环节把握产业发展脉络以及龙头企业关注的焦点，按需索取每个环节中特定需求的专利分析模块，共同构建完整的解决方案。

设置特定需求专利分析模块在一定程度上决定了专利分析和预警工作的深度和广度，意味着该项工作不只局限于一般性专利统计分析，而是要围绕产业发展现状和目标需求，提出切实可行的发展路线和应对措施。可以说，综合运用各种模块从专利视角去探索技术、产业和市场等经济运行中的问题，大大提升了产业专利分析的辐射范围。

第三节　产业发展分析

利用专利分析成果提供导航，可以找出产业最优发展路线，以“技术线”梳理专利产生、成长和退出的“生命线”，以“企业线”梳理专利规划、流转和运用的“生存线”。以专利为核心的“技术线”和“企业线”共同交织成支撑专利密集型产业核心竞争力提升的原动力。[①]

产业发展分析主要围绕与专利密切相关的“技术线”和与市场密切相关的“企业线”两个维度，厘清核心专利和专利组合所反映的技术在产业

① 贺化. 专利导航产业和区域经济发展实务［M］. 北京：知识产权出版社，2013：213.

链中的位置以及企业在产业链中的位置。

一、专利技术发展路线分析

专利技术发展路线分析清晰展现各关键时间节点出现的重要专利，对所有技术路线的起源和发展进行追踪，对重要专利进行重点分析，充分展示各技术分支下的热点和空白点技术，并能够有效追踪核心专利技术的流向。

对专利技术发展路线图中出现的专利进行全面分析，将检索得到的目标产业专利数据，形成技术路线与专利发展路线的对应，从而得到目标产业的技术发展路径、技术起源、专利主要持有人等重要信息，绘制出专利技术发展路线图。图 6－1 展示了典型的专利技术发展路线图示例。

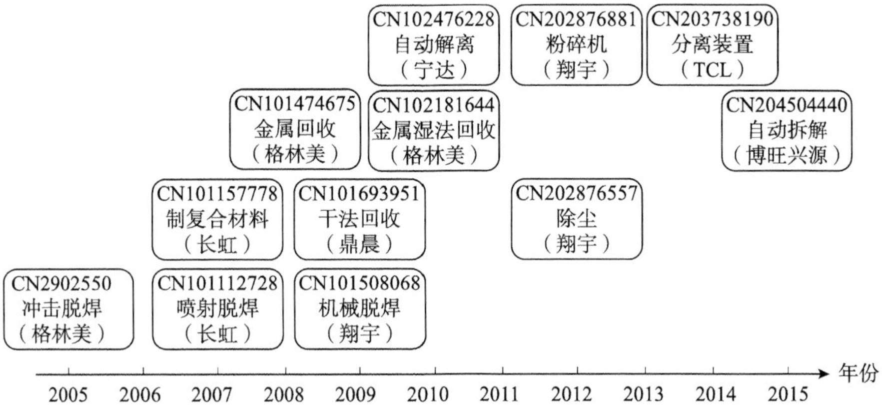

图 6－1 线路板专利技术发展路线图①

除了对目标产业绘制专利技术发展路线图以外，分析人员有时还需对发展路线中的重点技术开展专利分析，找出主要专利申请人，并分析主要专利申请人的专利布局策略和研发方向。同时，针对重点专利技术，还需要考量其许可和转让情况，充分了解重点专利的各类信息。另外，通过绘

① 中国循环经济协会，国家知识产权局专利局专利审查协作广东中心．废弃电器电子产品处理产业专利导航研究报告［M］．北京：知识产权出版社，2018：47.

制专利技术发展路线图，可以快速发现技术热点和空白点，这对于制定后续的产业发展政策也有很大的帮助。

二、产业核心专利分析

掌握产业内国内外重点核心专利的分布和策略，是开展专利导航工作的重要组成部分。

1. 核心专利分析

在分析产业的核心专利时，需要重点关注龙头企业的专利。具体分析时，需要对每个龙头企业的专利技术路线进行研究，找出核心专利，并针对专利权的归属、申请人所在区域、技术方案等进行重点分析；同时，针对龙头企业核心专利的技术引进、合作申请、质押融资、许可和转让、侵权诉讼等问题也要进行剖析，以期给出准确的分析结论。

一般来说，针对龙头企业，主要是分析其重点布局的专利技术和布局策略，进而指导产业内其他企业的研发重点和布局方式；针对行业跟随者，主要是分析其专利维持策略和专利布局情况，以及其所申请的专利在市场竞争中扮演的角色，继而为后发企业提供发展经验借鉴。

2. 核心专利持有者分析

在实际操作中，对核心专利持有者的分析可以从多方面展开，包括核心专利的价值度、持有者在产业和市场的地位、核心专利在技术发展趋势中扮演的角色、是否经历了许可和转让、是否经历了诉讼、专利权是否稳定等。通过对核心专利持有者进行分析，可以判断核心专利的价值，以及掌握核心专利持有者的发展规律。

三、产业发展方向和路径分析

产业发展方向和路径分析通过搜集产业基本情况，（如产业整体态势、产业发展历程、产业规模、产业结构、产业环境、产业相关主要法人及自然人等）以及判断产业的发展现状和面临的问题来开展分析。一般来说，包括产业发展方向分析和产业发展路径分析两类。①

1. 产业发展方向分析

产业发展方向分析主要用于判断全球产业发展的态势和方向。产业发展方向分析的步骤一般包括以下内容。

（1）分析全球产业发展与专利布局的互动关系，可包括产业技术发展历程、全球产业转移趋势、产业链结构、产业链中主要企业、产品市场竞争等与专利布局的互动关系。

（2）寻找全球产业链中具有较强专利控制力的各类主体，可对专利数据与各类主体市场活动数据进行关联分析。

（3）通过分析全球范围内具有较强专利控制力主体的相关活动，判断产业发展方向，所述相关活动可包括协同创新、专利布局、专利运用和保护等情况。

一般来说，产业发展方向导航成果为“产业发展方向分析报告”，其包括但不限于产业结构调整、产品开发、技术研发等最新发展方向。

2. 产业发展路径分析

产业发展路径分析主要用于为该区域的产业发展提供具体路径指引。产业发展路径分析的步骤一般包括以下内容。

（1）基于产业发展方向和该区域的产业发展定位，提出该区域产业结构优化的目标。

（2）围绕产业结构优化的目标，发现/发掘该区域内具有较强实力或较大发展潜力的企业或其他创新主体（创新人才或人才团队），作为支持和培养对象；发现/发掘其他区域具有带动性或填补性的企业或其他创新主体（创新人才或人才团队），作为引进或合作对象。

（3）围绕产业结构优化的目标，从强化优势、跟踪赶超、填补空白、规避风险等角度分析技术发展的突破口和路径；发现/发掘其他区域对该区域的产业发展必不可少的技术及其所有者，作为技术引进、获得许可或未来协同创新的合作对象。

---

① 全国信息与文献标准化技术委员会．专利导航指南 第3部分 产业规划：GB/T 39551.3—2020［S］．北京：中国标准出版社，2020：2－4.

（4）围绕产业结构优化的目标，结合该区域的产业专利布局结构，提出专利布局及专利运营的主要目标及路径。

一般来说，产业发展路径导航成果为“区域的产业发展路径建议报告”，其包括但不限于该区域的产业结构优化目标、企业（高等学校、科研组织）培育及引进路径、人才培养及引进路径、技术创新及引进路径以及专利布局及专利运营路径。

第七章　专利导航区域经济发展

专利导航区域经济发展，一是要充分掌握区域资源禀赋和发展特点，围绕区域经济发展的切实需求提供规划路线；二是要深入了解区域主导产业、支柱产业、新兴产业在全国及全球产业链的位置和关系，找准区域产业适合优先发展的技术路线和切入点；三是要重点规划区域内龙头企业的发展和核心竞争力提升方案，形成支撑区域经济发展的核心动力。①

专利导航区域经济发展是在做好区域现状分析的基础上，针对特定区域开展的专利导航。

第一节　现状分析

区域经济发展现状和定位就是要针对区域实际情况，找准在全国以及全球经济中的位置，从区域产业结构和产业链位置确定专利导航的着力点。

图 7－1 利用波士顿矩阵理论②来解释区域产业发展规模与产业平均增

---

① 贺化. 专利导航产业和区域经济发展实务［M］. 北京：知识产权出版社，2013：272.

② 波士顿矩阵（BCG Matrix），又称市场增长率—相对市场份额矩阵、波士顿咨询集团法、四象限分析法、产品系列结构管理法等。波士顿矩阵由美国著名的管理学家、波士顿咨询公司创始人布鲁斯·亨德森于 1970 年首创。

波士顿矩阵认为决定产品结构的基本因素一般有两个：市场引力与企业实力。市场引力包括整个市场的销售量（额）增长率、竞争对手强弱及利润高低等。企业实力包括市场占有率和技术、设备、资金利用能力等，其中市场占有率是决定企业产品结构的内在要素，它直接显示出企业竞争实力。以上两个因素相互作用，会出现四种不同性质的产品类型，形成不同的产品发展前景：销售增长率和市场占有率“双高”的产品群（明星类产品），销售增长率和市场占有率“双低”的产品群（瘦狗类产品），销售增长率高、市场占有率低的产品群（问题类产品）和销售增长率低、市场占有率高的产品群（金牛类产品）。

长率间的关系，用以划分区域内所拥有的产业类型，并据此形成制定产业发展路线的基础。产业平均增长率在一定程度上与产业生命周期所处的阶段关系密切，当产业处于成长期和成熟期时，产业平均增长率较大；当产业处于衰退期时，产业平均增长率则较小。区域产业发展规模则表示区域产业发展的程度，尤其是主导产业的发展程度。

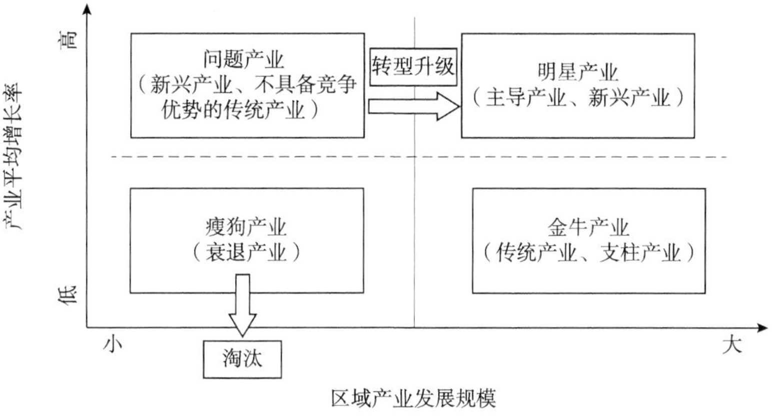

图 7－1 波士顿矩阵解析产业发展

根据区域产业发展规模和总体产业平均增长率的不同组合，结合产业生命周期理论，大致可以分成以下四种产业类型。①

1. 明星产业

如果产业在区域发展规模大且产业平均增长率高，据此判断该产业有可能是区域的主导产业或是新兴产业，可以视为明星产业，也表明这一区域的经济发展抓住了整体经济发展的主动脉。其面临的问题主要是能进一步提升产业核心竞争力，从而继续扩大现有产业规模和市场竞争力。

对于明星产业而言，专利导航主要体现在专利战略的整体运用上，包括区域产业融合，参与国际标准制定，产业联盟组建，海外专利风险预警。

2. 金牛产业

如果产业在区域内发展规模大，但产业平均增长率低，据此判断该产

① 贺化．专利导航产业和区域经济发展实务［M］．北京：知识产权出版社，2013：274－277.

业有可能是区域已有的传统产业或是支柱产业，可以视为金牛产业。带动该区域经济增长的动力还主要依赖于传统产业，如制造加工、采掘等产业。区域依靠这些传统产业获得一定的经济增长，但随着产业平均增长率的降低，特别是人力成本和资源消耗成本的日益增加，区域经济发展将面临巨大的转型压力。

对于金牛产业而言，专利导航可以对传统产业的专利技术先进程度进行分析。当其技术处于国内领先地位时，应进一步加强技术创新；当其技术在国内尚不具有优势时，应适时淘汰落后技术或实施技术改造和引进策略。

3. 瘦狗产业

如果产业在区域内发展规模小，产业平均增长率低，据此判断该产业有可能是处于衰退期的产业，可以视为瘦狗产业。这种产业对区域经济发展的影响较小，因此，可以采用适时淘汰、产业转移等方式进行转型升级。

对于瘦狗产业而言，实施专利导航要寻找专利价值含量高的技术进行技术转移，同时对关联产业和替代产业开展专利分析，为区域产业的平稳转移提供决策依据。

4. 问题产业

如果产业在区域内发展规模小，但产业平均增长率高，该产业有可能是新兴产业或是区域内不具备竞争优势的传统产业，可以视为问题产业。发展这种产业时，一是扩大区域产业规模，提升竞争综合实力；二是在产业类型与区位特点不相符时，宜采取适时跟踪甚至淘汰策略。

对于问题产业而言，专利导航宜结合区域已有产业基础，判断国内外专利发展态势，对可能存在的产业投资风险和专利风险进行预判。

第二节　以区域布局为目标的专利导航

以区域布局为目标的专利导航，是以专利数据分析为基础，通过研究区域资源及其匹配关系，提出区域资源配置建议。

一、区域信息采集

一般来说，区域信息采集包括以下两种信息。

（1）区域环境相关信息，包括国内外不同层面区域规划、产业规划、产业政策及产业平台等信息。

（2）区域相关统计数据，包括区域相关主要法人及自然人创新活动及市场活动信息。

以区域布局为目标的专利导航所需采集的信息具体见表7-1。

表7-1 区域信息采集表（以区域布局为目标）

序号	采集内容	优选内容
1	区域内专利申请数量或专利授权数量	区域发明专利授权数量
2	区域内各行业专利申请数量或专利授权数量	区域发明专利授权数量
3	区域内高等学校研究与试验发展相关的人力、财力等统计数据	高等学校研究与试验发展相关的全时人员（人年）、经费内部支出等数据
4	区域内科研组织及企业的研究与试验发展相关的人力、财力等统计数据	科研组织研究与试验发展相关的全时当量（人年）和经费内部支出等数据 规模以上工业企业研究与试验发展相关的人员全时当量（人年）、经费内部支出等数据
5	区域内与各行业产出相关的统计数据	区域内规模以上工业企业主营业务收入、区域内规模以上工业企业利润总额等数据

二、专利导航分析

以区域布局为目标的专利导航分析，一般包括以下步骤。

1. 确定区域产业资源指数

区域产业资源指数是将产业份额指标和产业盈利指标通过标准化处理

后赋权求和得到的（关于权重分配，可采用熵值法进行计算得到）。

其中，区域的产业份额指标，一般采用计算区域内规模以上工业企业主营业务收入除以全国所有区域的规模以上工业企业主营业务收入；区域的产业盈利指标，一般采用区域内规模以上工业企业利润总额。

2. 确定区域科教资源指数

区域科教资源指数是将教育资源指标和科技资源指标通过标准化处理后赋权求和得到的（关于权重分配，可采用熵值法进行计算得到）。

其中，区域的教育资源指标，一般采用高等学校研究与试验发展全时人员（人年）和经费内部支出数据进行标准化处理，并赋权求和得到；区域的科技资源指标，一般采用科研组织研究与试验发展全时当量（人年）和经费内部支出、规模以上工业企业研究与实验发展人员全时当量（人年）和经费内部支出数据进行标准化处理，并赋权求和得到。

3. 确定区域专利资源指数

区域专利资源指数是将专利规模和专利密集度指标通过标准化处理后赋权求和得到的（关于权重分配，可采用熵值法进行计算得到）。

其中，区域的专利规模指标，一般采用区域内专利申请数量或专利授权数量；区域的专利密集度指标，一般采用区域的发明专利授权量除以规模以上工业企业主营业务收入。

4. 综合分析

（1）静态分析法。

对区域产业资源指数、区域科教资源指数以及区域专利资源指数进行静态分析。

静态分析法主要采用四象限法进行分析。四象限法是把工作按照重要和紧急两个不同的程度进行了划分，基本上可以分为四个象限。在统计学中，四象限法是划分分析对象的常用方法①，可以直观地了解被划分对象在对应指标的相对分布状况。将两个需要比较的指标按照四象限法来进行设置，其中原点为各自的平均值，这样则容易获得两个比较对象相对于平

① 赵玉林，王化中. 经济学辞典［M］. 北京：中国经济出版社，1990：655.

均值的大小，从而将数值划分为四类，一般为：高高、高低、低低和低高。为此，根据研究需要，采用四象限法分析和评价区域科教资源与区域产业发展、区域科教资源与区域专利资源、区域专利资源与区域产业发展之间的匹配关系，具体如图 7－2 所示。当比较对象扩展为三个时，则可将数值划分为八类，分别为高高高、高高低、高低高、高低低、低高高、低高低、低低高、低低低。

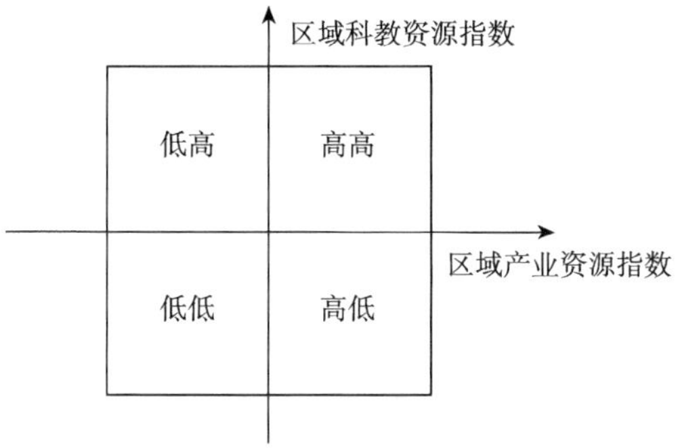

图 7－2　区域科教资源指数和区域产业资源指数的四象限图

（2）动态分析法。

如果将区域产业—科教—专利看成一个复合系统，各子系统发展的协调程度会影响系统的整体走向。通过定量分析的方法对系统协调发展程度进行分析，就能够了解系统的发展现状和发展态势，把握系统整体的宏观走势，促进系统发展从无序转变为有序，达到协同发展的目标。

动态分析法主要采用耦合协调模型进行分析。① 耦合是指两个系统之间相互作用和相互影响的程度。耦合分析尚不能反映对象事物间运行的协调程度，因此就需要引入协同分析手段。协调分析可以更好地评价产业运行和创新资源分布的关系。为此，借鉴物理学中的容量耦合模型，构建产业和创新资源空间布局的耦合度和协调度模型，具体公式如下：

$$C = \frac{2\sqrt{U_1 U_2}}{U_1 + U_2}$$

① 全国信息与文献标准化技术委员会．专利导航指南 第 2 部分 区域规划：GB/T 39551.2—2020［S］．北京：中国标准出版社，2020：2－4，6－7.

$$D = \sqrt{CT}, T = \alpha U_1 + \beta U_2$$

式中：

C——耦合度；

D——协调度；

T——产业和创新资源调和指数，反映产业和创新资源空间分布的整体协同的效应或贡献；

U_1，U_2——分别反映产业和创新资源发展水平的指标，且 $\alpha + \beta = 1$。

当 $D = 0$ 时，表示两个系统间的耦合水平相对较低，两个系统之间处于无序耦合状态。根据目前学者对耦合度的分段方法，可以划分为以下四个区间：当 $D \leqslant 0.3$ 时，表明产业和创新资源子系统处于低水平协调阶段；当 $0.3 < D \leqslant 0.5$ 时，表明两者处于中低水平协调阶段；当 $0.5 < D \leqslant 0.8$ 时，表明两者处于中等水平协调阶段；当 $0.8 < D \leqslant 1$ 时，表明两者处于高水平协调阶段。

为消除量纲的影响，在进行耦合度和协调度计算时，应首先对反映产业资源、科教资源、专利资源等信息的指标进行 0－1 标准化处理。

正向指标标准化的公式为：

$$x'_i = [\max(X) - x_i]/[\max(X) - \min(X)]$$

负向指标标准化的公式为：

$$x'_i = [x_i - \min(X)]/[\max(X) - \min(X)]$$

式中：

X——所有产业和创新资源构成的矩阵；

X_i——区域 i 的产业和创新资源。

（3）综合分析法。

结合上述静态分析和动态分析的结果进行综合分析，得到区域产业资源、区域科教资源、区域专利资源的匹配分析结果。

最后，利用静态分析法评价产业发展与区域资源聚集的相互关系，识别支撑该区域产业发展所需的区域资源规模、资源结构、资源布局模式等，并结合产业空间布局现状提出区域资源配置的相关建议。

三、专利导航结果的输出

以区域布局为目标的专利导航分析的结果输出一般包括：以区域布局为目标的专利导航分析报告，可包括区域资源分析、区域资源匹配关系分析、产业类型识别、区域资源配置建议等；以专利为核心的产业发展资源配置导向目录，可包括产业导向目录。

第三节　以区域创新质量评价为目标的专利导航

以区域创新质量评价为目标的专利导航，是以专利数据为基础，通过专利活动所表现的创新要素集聚、创新产出、创新效益等情况，以及专利活动与科技、企业、产业之间的匹配程度，综合评价区域创新质量。

一、区域信息采集

一般来说，包括以下三种信息。

（1）区域环境相关信息，包括国内外不同层面区域规划、产业规划、产业政策及产业平台等信息。

（2）区域相关统计数据，包括区域相关主要法人及自然人创新活动及市场活动信息。

（3）专利引文数据库。

以区域创新质量评价为目标的专利导航所需采集的信息具体见表7－2。

表7-2 区域信息采集表（以区域创新质量评价为目标）

序号	采集内容	优选内容
1	区域内专利申请数量或专利授权数量	区域发明专利授权数量
2	区域内各行业专利申请数量或专利授权数量	区域发明专利授权数量
3	区域内高等学校研究与试验发展人力、财力等相关统计数据	高等学校研究与试验发展全时人员（人年）、高等学校研究与试验发展经费内部支出等数据
4	区域内科研组织及企业的研究与试验发展人力、财力等相关统计数据	科研组织研究与试验发展全时当量（人年）、科研组织研究与试验发展经费内部支出； 规模以上工业企业研究与试验发展人员全时当量（人年）、规模以上工业企业研究与试验发展经费内部支出等数据
5	区域内各行业产出相关统计数据	区域内规模以上工业企业主营业务收入、区域内规模以上工业企业利润总额等数据

二、专利导航分析

以区域布局为目标的专利导航分析，一般包括以下步骤。

1. 确定区域创新竞争力指数

区域创新竞争力指数是将创新要素聚集指数、创新产出指数和创新效益指数通过标准化处理后，赋权求和得到的。

其中，表征创新要素集聚的指标包括但不限于：研发人员参与发明创造平均次数、有较高创新水平的专利发明人数量、重点创新主体数量、在所评价时间周期内初次开展专利活动的企业数量等；表征创新产出的指标包括但不限于：每万人日发明专利拥有量、维持十年以上的有效发明专利拥有量、高频次被引证专利数量、PCT专利申请量等；表征创新效益的指标可包括：专利转让平均金额、专利许可备案平均金额、专利质押融资平均金额等。

2. 确定区域创新匹配度指数

区域创新匹配度指数是将科技匹配度指数、企业匹配度指数和产业匹配度指数通过标准化处理后，赋权求和得到的。

其中，将表征专利产出与研发经费和人员投入匹配程度的指标进行标准化处理，并赋权求和得到科技匹配度指数。表征专利产出与研发经费和人员投入匹配程度的指标包括但不限于：每亿元研发投入专利授权量、每万人年研发人员专利授权量等。将表征专利活动与企业创新主体作用发挥匹配程度的指标进行标准化处理，并赋权求和得到企业匹配度指数。其中，表征专利活动与企业创新主体作用发挥匹配程度的指标包括但不限于：企业有效发明专利占比、有专利活动的企业占比、上市公司发明专利平均拥有量、规模以上工业企业发明专利平均拥有量等。将表征专利产出情况与产业发展战略匹配程度的指标进行标准化处理，并赋权求和得到产业匹配度指数。其中表征专利产出情况与产业发展战略匹配程度的指标包括但不限于：战略性新兴产业有效发明专利数量和专利密集型产业有效发明专利数量分别占区域有效发明专利数量的比例、主导产业产值与专利产出的匹配程度等。

3. 确定区域创新质量评价指数

区域创新质量评价指数是将区域创新竞争力指数与区域创新匹配度指数相乘得到的。

三、专利导航结果的输出

以区域创新质量评价为目标的专利导航分析的结果输出一般是以区域创新质量评价为目标的专利导航分析报告，该分析报告内容包括但不限于：区域创新竞争力分析、区域创新匹配度分析、区域创新质量评价分析和区域创新发展政策建议。

第八章　专利导航企业经营

企业是产业转型升级和区域经济增长的主体，提升企业核心竞争力，形成具有规模化的产业能力和市场化的综合竞争力，是转型升级和结构调整的关键。技术创新、组织创新、管理创新、模式创新是企业增强核心竞争力的主要方式。在专利密集型产业中，增强技术创新能力以及专利创造和运用的能力是促进企业发展的必要手段。

第一节　企业现状分析

企业现状分析首先要综合评估企业发展现状和定位，清晰掌握企业类型、发展阶段、技术实力和市场地位；其次要摸准阻碍企业发展的问题所在，针对企业实际的专利需求和发展侧重点开展指导；最终协助企业在技术创新与专利规划上形成综合竞争力。

一、外部环境

企业面临的市场环境是合理选择专利策略的重要因素。对于专利密集型产业，专利是构成企业生存和竞争必备的战略资源。因此，在开展专利导航之前，首先要对企业外在的市场竞争环境和产业发展状况进行评估。

结合迈克尔·波特竞争战略理论中有关企业竞争战略所面临的“五力”的作用，从产业竞争者、潜在进入者、替代产品或技术、产业链上游（供应商）和产业链终端（客户）的位置以及所处产业发展阶段等环节进行综合判断，企业不仅要充分了解产业内同业竞争者，而且要对潜在进入者和替代品或替代技术有清晰的认识，对产业链的把握要与企业的经营状态紧密联系。

二、自身实力

在企业外部评估的基础上，结合企业自身在技术、专利、产业和市场方面的表现，可以对企业在产业和市场竞争中的实力进行定位。

分析企业的综合实力在产业中的相对位置，一是企业在产业和市场上的综合实力和影响力，二是企业在专利上的综合实力。由于不同发展阶段的企业可能处于不同的发展水平，引领型、主导型、跟随型和新入型企业的发展水平各有差异，因此在利用专利提升企业核心竞争力的发展路线图规划上也各有不同。

第二节　专利导航企业经营的分析方法

专利导航企业经营大致包括六类目标：以投资并购对象遴选为目标的专利导航、以投资并购对象评估为目标的专利导航、以企业上市准备为目标的专利导航、以技术合作开发为目标的专利导航、以技术引进为目标的专利导航和以企业产品开发为目标的专利导航。以下分别对这六类专利导航的开展方式进行介绍。[①]

一、以投资并购对象遴选为目标的专利导航

以投资并购对象遴选为目标的专利导航，是以专利数据为基础，通过

---

① 全国信息与文献标准化技术委员会．专利导航指南 第 4 部分 企业经营：GB/T39551.4—2020［S］．北京：中国标准出版社，2020：2－5.

评价拟投资并购技术领域内技术拥有者的情况，从技术创新的角度为投资并购提供遴选目标对象的建议。

1. 专利导航分析

以投资并购对象遴选为目标的专利导航一般包括以下几个步骤。

（1）基于投资并购需求，确定专利检索的技术领域和地域范围，实施检索并进行数据处理。

（2）筛选具有较高技术水平的专利申请人，可以从技术创新能力、专利布局能力、专利运用能力等角度分析。

（3）检索具有较高技术水平的专利申请人的企业信息，并进行数据处理。

（4）对具有较高技术水平的专利申请人和具有较高技术水平的专利申请人的企业信息进行关联分析，根据需求重复（1）~（3）步骤，确定拟投资并购对象。

2. 专利导航结果输出

以投资并购对象遴选为目标的专利导航的输出结果一般为以拟投资并购对象为目标的专利导航分析报告，包括但不限于：投资并购所属行业的基本情况、拟遴选企业的基本情况、通过可视化形式展示拟遴选企业的基本情况和专利导航数据集。

二、以投资并购对象评估为目标的专利导航

以投资并购对象评估为目标的专利导航，是以专利数据为基础，通过评价投资并购对象的技术创新实力和专利侵权风险，为投资并购决策提供建议。

1. 专利导航分析

以投资并购对象评估为目标的专利导航一般包括以下几个步骤。

（1）检索投资并购对象的背景信息，包括投资并购对象的发展历程、人员规模、发展阶段、被投资或并购历史、主营产品的种类及市场占有率、营收状况、投资并购对象的主要竞争对手的相关信息以及投资并购对象核心研发人员的教育背景、工作经验、法律纠纷等。

（2）检索投资并购对象及其主要竞争对手的专利信息、相关技术领域的专利信息等。

（3）核查投资并购对象的专利权归属、专利权期限、专利权的法律状态、专利运用（如转让、许可、质押等）、专利涉诉等情况。

（4）筛选投资并购对象的主营产品或技术对应的较高技术水平的专利或专利申请。评价其专利的权利稳定性或专利申请的授权前景，以及专利（或专利组合）对核心技术方案的保护程度。

（5）评价投资并购对象的技术先进性和技术可替代性，可以与现有技术进行对比分析。

（6）评价投资对象的相关专利申请所使用的技术方案的侵权风险。

2. 专利导航结果输出

以投资并购对象评估为目标的专利导航的输出结果一般为以投资并购对象评估为目标的专利导航分析报告，可包括投资并购对象的背景信息、专利信息、创新实力及风险、专利导航数据库/集等情况。

三、以企业上市准备为目标的专利导航

1. 专利导航分析

以企业上市准备为目标的专利导航一般包括以下几个步骤。

（1）收集企业信息，包括企业的发展历程、发展阶段、主营产品的种类及市场占有率、营收状况、与专利相关的合同、法律纠纷及相关舆情，企业主要研发人员的教育背景、工作经历、法律纠纷及相关舆情，以及主要竞争对手相关信息等。

（2）检索企业及其竞争对手的专利信息、相关技术领域的专利信息等。

（3）核查企业专利权归属、专利权期限、专利权的法律状态、专利运用（如转让、许可、质押等）、专利涉诉等情况，确保企业招股说明书等文件中所披露内容与上述所核查信息的一致性。

（4）分析采购及供应合同中专利相关内容、有关职务发明约定的相关内容。

（5）分析企业主要研发人员入职前专利申请及权利归属等情况。

（6）评价企业专利的权利稳定性或专利申请的授权前景，以及专利（或专利组合）对核心技术方案的保护程度。

（7）评价企业的技术先进性和技术可替代性，可以与现有技术进行对比分析。

（8）评价企业的相关专利或专利申请所使用的技术方案的侵权风险。

（9）综合上述情况，对企业创新实力及所面临的风险状况进行初步判断并制定风险应对策略。

2. 专利导航结果输出

以企业上市准备为目标的专利导航的输出结果一般为以企业上市准备为目标的专利导航分析报告，可包括企业背景信息、专利信息、创新实力、风险分析及应对策略建议、专利导航数据库/集等。

四、以技术合作开发为目标的专利导航

以技术合作开发为目标的专利导航，是以专利数据为基础，通过对企业、高等学校及科研组织等相关信息的关联分析，提出关于技术合作主题、遴选技术合作对象等建议。

1. 专利导航分析

以技术合作开发为目标的专利导航一般包括以下几个步骤。

（1）对企业技术合作需求所对应的技术领域进行分解，检索相关专利，并进行数据处理。

（2）通过分析全球范围内具有较强专利控制力主体的有关活动，判断技术发展重点或热点主题，其中所述相关活动可以包括协同创新、专利布局、专利运用和专利保护等。

（3）对各技术主题进行分析，包括技术成熟度、技术路线、专利布局等提出进行合作开发的技术主题，获取专利申请人信息。

（4）筛选具有较高技术水平的专利申请人，可以从技术创新能力、专利布局能力、专利运用能力等角度分析。

（5）收集具有较高技术水平的专利申请人的背景信息，可以包括发展历程、发展阶段、主营产品、技术结构、研发人员数量、营收状况、法律纠纷及

相关舆情，主要研发人员的教育背景、工作经历、法律纠纷及相关舆情等。

（6）对上述信息进行关联分析，确定可以进行技术合作开发的对象。

2. 专利导航结果输出

以技术合作开发为目标的专利导航的输出结果一般为以技术合作开发为目标的专利导航分析报告，包括可以合作开发的技术主题的选择与论证、技术合作开发对象的基本情况、专利导航数据库/集等。

五、以技术引进为目标的专利导航

以技术引进为目标的专利导航，是以专利数据为基础，通过与产业、市场等信息的关联分析，提出待引进技术的持有人可能引进的具体技术、引进策略、风险防范等建议。

1. 专利导航分析

以技术引进为目标的专利导航的步骤与方法一般包括以下几个方面。

（1）对企业所涉及的技术领域进行分解，检索相关专利信息及其他技术信息，分析该技术领域的发展重点、难点和热点主题。

（2）将企业的技术研发战略和产品战略、企业当前的技术储备情况以及技术领域的发展重点、难点和热点主题进行关联分析，寻找企业需引进的技术主题。

（3）筛选满足技术引进需求的专利，可以从专利技术方案所解决的技术问题及其所达到的技术效果等角度分析。

（4）分析专利的稳定性、技术可替代性、技术实施依赖度等，提出可供选择的专利。

（5）收集专利持有人的相关信息，包括发展历程、发展阶段、主营产品、技术结构、研发人员数量、营收状况、技术转让或许可历史、法律纠纷及相关舆情。

（6）对上述信息进行关联分析，提出技术引进方式的建议，如技术许可、技术转让等。

2. 专利导航结果输出

以技术引进为目标的专利导航的输出结果一般为以技术引进为目标的

专利导航分析报告，包括拟引进技术主题的选择与论证、拟引进技术及其持有人的基本情况、专利导航数据库/集等。

六、以企业产品开发为目标的专利导航

以企业产品开发为目标的专利导航，是以专利数据为基础，通过与产业、市场、政策等信息的关联分析，提出企业产品开发方向、技术研发路径及风险规避等建议。

1. 专利导航分析

以企业产品开发为目标的专利导航一般包括以下几个步骤。

（1）收集企业所在行业的政策环境、市场环境及需求。

（2）收集企业的背景信息，包括企业的发展历程、发展阶段、主营产品的种类及市场占有率、营收状况、主要竞争对手相关信息等。

（3）对企业所属技术领域进行分解，检索相关专利信息及其他技术相关信息。

（4）将上述信息进行关联分析，提出企业可重点开发的产品（或产品组合）建议。

（5）分析开发上述产品（或产品组合）所需的技术，制定所需技术的获取策略，包括自主开发、合作开发和技术引进等。

（6）分析所需技术的专利信息，可以通过技术功效矩阵分析等手段，为进行自主开发的技术主题提供研发路径、研发方案参考，并通过侵权分析等方式提供风险预警及规避建议。

（7）采用合作开发获取所需技术可参考上述（4），采用技术引进获取所需技术可参考上述（6）。

（8）提出产品开发所形成的技术成果的专利布局方案。

2. 专利导航结果输出

以企业产品开发为目标的专利导航的输出结果一般为以产品开发为目标的专利导航分析报告，包括行业环境、建议企业重点开发的产品（或产品组合）及其开发策略、专利导航数据库/集等。

第九章　其他类型的专利导航

除了前文中提到的常见的专利导航应用场景，在实际操作中，专利导航还能够在研发活动、人才管理等方面发挥重要作用。通过开展专利导航，能够有效地预防立项和人才引进中的潜在风险。[①②]

第一节　研发活动类专利导航

一、现状分析

研发活动类专利导航项目需求需要对拟研发项目的基本情况和进展情况进行分析，具体包括研发主体提供的项目背景、技术方案、研发基础、研发人员组成、竞争情况、项目规划，以及经专家论证的关于技术先进性、技术前景、存在问题等素材。

二、评价研发立项的专利导航

评价研发立项的专利导航，是在研发立项前，以专利数据为基础，对

---

① 全国信息与文献标准化技术委员会．专利导航指南 第 5 部分 研发活动：GB/T39551. 5—2020［S］．北京：中国标准出版社，2020：1－2.

② 全国信息与文献标准化技术委员会．专利导航指南 第 6 部分 人才管理：GB/T39551. 6—2020［S］．北京：中国标准出版社，2020：1－2.

研发立项的必要性和可行性等进行评价，防范潜在风险。

1. 专利导航分析

评价研发立项的专利导航分析一般包括以下几个步骤。

（1）通过分析技术产业政策环境、发展趋势、产业链结构、市场需求等情况，评价拟研发项目的产业发展环境。

（2）通过分析技术所在产业的技术发展趋势、主要技术路线、替代技术发展状况、技术竞争强度等情况，评价拟研发项目的技术发展态势。

（3）通过识别主要竞争对手并分析其技术目标和战略、技术路线、专利布局、可能的竞争行为等情况，评价拟研发项目的技术壁垒。

（4）分析研发主体的发展历程、发展阶段、主营产品的种类及市场占有率、营收状况、主要研发人员情况等，评价研发主体的市场竞争实力。

（5）通过分析研发主体与拟研发项目相关的技术构成、具有较高水平的专利（或专利组合）等，评价研发主体的技术储备及技术竞争实力。

（6）综合分析拟研发项目的产业发展环境、技术发展态势、技术壁垒，以及研发主体的市场竞争实力、技术储备及技术竞争实力，评估立项风险并提出研发立项的必要性和可行性结论。

（7）根据上述结论，进一步对拟研发项目的立项方案等提出优化建议。

2. 专利导航结果输出

评价研发立项专利导航的输出结果为评价研发立项的专利导航分析报告，其包括但不限于：拟研发项目的基本情况，研发立项的必要性、可行性分析过程及结论。

三、辅助研发过程的专利导航

辅助研发过程的专利导航分析是指研发过程中，以专利数据为基础，对项目的技术研发情况及其技术竞争环境进行综合分析，提出风险规避及技术方案优化的建议。

1. 专利导航分析

辅助研发过程的专利导航分析一般包括以下几个步骤。

（1）通过分析技术所在产业的政策环境、发展趋势、产业链结构、市场需求等情况，评价研发项目当前的产业发展环境。

（2）通过分析技术所在产业的技术发展趋势、主要技术路线、替代技术发展状况、技术竞争强度等情况，评价研发项目的技术发展态势。

（3）识别并检测主要竞争对手，通过分析其技术路线、技术方案、专利布局、可能的竞争行为等情况，评估项目相关技术方案的专利风险。

（4）通过分析项目相关技术领域的技术构成、总体趋势、专利技术活跃度、技术功效矩阵、具有较高水平的专利（或专利组合）等，综合判断该技术领域的重点和热点技术方向，为研发项目提供技术路线或技术方案的优化建议，并为可能涉及专利风险的技术方案提出规避设计建议。

（5）综合分析研发项目的产业发展环境、技术发展态势、专利风险及技术方案的优化或规避设计建议，制定专利布局策略。

2. 专利导航结果输出

辅助研发过程的专利导航输出结果为辅助研发过程的专利导航分析报告，其包括但不限于：研发项目的基本情况、技术竞争情况、可能面临的风险、技术方案的优化或规避设计建议、专利布局策略。

第二节　人才管理类专利导航

一、基础条件

在实施以人才遴选为目标的人才管理类专利导航时，实施人员除了应具备一般的专利导航知识以外，还应具备人力资源管理的基础知识。在实施以人才评价为目标的人才管理类专利导航时，专利导航分析人员应具备3年以上专利权利稳定性分析或专利侵权风险分析的实务经验，同时具备人力资源管理的基础知识。

以人才遴选为目标的人才管理类专利导航项目需求分析报告宜明确人

才的行业需求、岗位需求、专业技能需求、工作经验需求等；以人才评价为目标的人才管理类专利导航项目需求分析报告宜明确拟评价人才的对象和目标。

二、以人才遴选为目标的专利导航

以人才遴选为目标的专利导航，是以专利数据为基础，挖掘能够适配目标需求的人才。

1. 专利导航分析

对于人才遴选为目标的专利导航而言，信息采集主要包括行业信息和专利引文信息。其中行业信息可包括行业概况、市场分布、技术分布、主要关注的企业、高等学校或科研组织等信息。

以人才遴选为目标的专利导航分析一般包括以下几个步骤。

（1）针对人才相关的专利信息，可选取同族规模、引证信息等指标进行量化分析或人工标引分析，筛选具有较高技术水平的专利，并获取发明人信息。

（2）分析发明人在其所属行业对应技术领域的专利情况，并与发明人的获奖情况、技术产业化情况等代表其技术水平的其他信息进行关联分析。

（3）提出拟遴选人才名单。

2. 专利导航结果输出

以人才遴选为目标的专利导航结果的输出为人才遴选专利导航分析报告可包括：行业概况，市场分布，技术分布，主要的企业、高等学校或科研组织等；人才所属行业对应技术领域的原始专利数据；拟遴选人才的基本情况。

三、以人才评价为目标的专利导航

以人才评价为目标的专利导航，是以专利数据为基础，对人才信息的真实性、人才与需求的匹配性、人才创新能力、人才使用风险等进行评价。

1. 专利导航分析

对于以人才评价为目标的专利导航而言，信息采集主要包括：拟评价人才自主申报的专利信息、拟评价人才的专利信息、对人才的技术需求、拟签订人事合同的专利相关条款。

以人才评价为目标的专利导航分析一般包括以下几个步骤。

（1）对拟评价人才自主申报的专利信息进行真实性评价，包括专利或专利申请的申请人、发明人、数量、类型、国别、法律状态、保护期限等。

（2）分析拟评价人才的相关专利或专利申请与对人才的技术需求之间的匹配程度，可以具体分析专利申请所属技术领域、所解决的技术问题、所使用的技术方案、所达到的技术效果等。

（3）分析拟评价人才的相关专利的权利稳定性或专利申请的授权前景。

（4）分析拟评价人才的相关专利或专利申请的技术先进性和技术可替代性，可以与现有技术进行对比分析。

（5）分析拟评价人才的相关专利或专利申请所使用的技术方案的侵权风险。

结合实际需求，选取以上 5 个步骤中的一个或多个进行组合。

2. 专利导航结果输出

以人才评价为目标的专利导航的输出结果为人才评价专利导航分析报告，其可包括拟评价人才信息的真实性、人才与需求的匹配性、人才创新能力、人才使用风险等。

第三部分

知识产权分析评议

第十章　知识产权分析评议的基本理论

第一节　知识产权分析评议的内涵

一、专利分析与知识产权分析评议的关系

专利分析是对专利信息进行科学加工整理与分析，经过深度挖掘与缜密剖析，转化为具有较高技术与商业价值的可利用信息，是一门严谨的科学①。知识产权分析评议以专利分析为基础，但又不同于传统的专利分析，具体体现在以下几个方面②。

第一，与专利分析从专利本身出发不同，知识产权分析评议强调从经济和科技活动的需求出发。这是一种典型的咨询服务行为，而非单纯的客观数据梳理。

第二，知识产权分析评议强调开展综合性分析。除了关注专利信息外，知识产权分析评议还需要综合关注技术秘密、计算机软件著作权、商标、集成电路布图设计保护等方面的问题，体现知识产权的综合性和整体性。

第三，知识产权分析评议强调紧扣经济和科技活动的切实问题和需求

---

① 杨铁军. 专利分析实务手册 [M]. 北京：知识产权出版社，2012：3.

② 贺化. 评议护航：经济科技活动知识产权分析评议案例启示录 [M]. 北京：知识产权出版社，2013：5.

提出富有针对性和可操作性的解决方案，并针对不同应用对象提供差异化的报告。

二、知识产权分析评议的概念

根据《知识产权分析评议 服务规范》① 的定义，知识产权分析评议（Intellectual Property Analysis and Appraisal）是指对知识产权相关信息情报进行综合研究，结合项目需求实施技术发展热点和趋势分析、知识产权保护方案科学性评估、知识产权风险判断、知识产权商业化运用方案合理性以及相关政策和计划项目可行性论证等行为，进而提出对策建议的活动。

知识产权分析评议能够利用知识产权情报信息和方法对相关经济和科技活动进行综合分析与评估，查找出活动进展中与知识产权相关的潜在问题，并合理运用知识产权战略提出解决问题的建议，避免经济和科技活动因知识产权问题导致重大损失，为政府决策和企业参与市场竞争提供咨询参考。在知识产权问题尚未发生前，知识产权分析评议可以帮助发现潜在问题并做出规避设计；在知识产权问题已经发生后，知识产权分析评议可以帮助解决问题和消除障碍。

建立重大经济和科技活动知识产权分析评议机制，其目的是在以政府投资为主体的重大经济和科技活动中，有关行政主管部门要将知识产权纳入经济和科技活动项目的评议内容，从而避免因知识产权问题导致重大损失。

评议的本质是对将要最终表决或作出决定的事项进行周到而全面的研究，提出研究结论、提供咨询建议，通过开放而审慎的程序达成目标。知识产权分析评议是综合运用情报分析手段对经济和科技活动所涉及的包括专利在内的知识产权整体情况和竞争状况进行综合分析、评估、评价和审查，从规避风险、提高管理效率的角度为政府管理决策和企业参与市场竞争提供咨询参考；或依据产业技术发展趋势判断预测市场和技术的创新空

---

① 《知识产权分析评议 服务规范》（GB/T 37286—2019）是国家市场监督管理总局和中国国家标准化管理委员会于 2019 年 3 月 25 日发布、2019 年 10 月 1 日实施的国家标准。

间，并提供研发创新和市场开拓方面的指导。

在我国，政府往往对具有战略意义的产业发展进行指导和规划，并综合利用财政税收、金融等各类手段对宏观经济进行调控，有时政府也会直接投入公共资金用于支持创新活动或产业化活动（例如重大科技项目）[①]。我国拥有大量国有企业，这些企业规模较大，往往控制着国民经济命脉，企业投资行为涉及国有资产的保值增值。我国创新能力和水平距离西方发达国家还有较大差距，现阶段跟随型创新还比较多，很多情况下研发活动往往需要借鉴已有技术。我国科技型中小企业众多，但大多数企业知识产权积累少，国际竞争经验不足，需要政府从推动行业发展、维护群体利益的角度加以扶持和引导。因此，从公共政策和公共服务的角度上讲，我国的知识产权分析评议相较国外而言，有着更特殊的作用[②]。

三、知识产权分析评议的目的

近年来，世界范围内的知识产权竞争越来越激烈，由单个专利到专利组合、由单一企业到专利联盟、由专利产品到专利经营和诉讼[③]的发展趋势更加明显，天价专利购买、天价专利诉讼标的等消息不绝于耳。我国企业频频遭遇美国“337 调查”，我国也连续多年成为全球第一大被调查国[④]。我国产业发展面临着前所未有的知识产权风险，需要通过知识产权分析评议加以应对。

1. 助力政府投资决策

在政府投资或资助类项目的决策和管理过程中，由于项目规模大、影响广、管理复杂，容易潜藏知识产权风险。尤其是在立项管理、招商引

① 贺化. 评议护航：经济科技活动知识产权分析评议案例启示录［M］. 北京：知识产权出版社，2014：5.

② 王江艳. 论我国知识产权分析评议服务产品的法律效力［D］. 武汉：华中科技大学，2012：32.

③ 袁晓东，孟奇勋. 美国知识产权风险公司的运作模式及其启示［J］. 知识产权，2009（5）：87.

④ 林志坚，储晓露，谌凯，等. 重大经济活动知识产权评议机制国内外情报综述及比较分析［J］. 竞争情报，2015，011（005）：21－29.

资、技术引进环节，在缺乏周密科学的知识产权分析评议的情况下，项目启动后很容易面临不可回避的知识产权风险，轻则造成资源浪费，重则项目停滞，使前期投入“打水漂”。例如，曾经汇通世华公司的微硬盘项目[①]，由于对项目事前、事中以及事后风险控制的缺失，缺少知识产权分析评议机制，对知识产权风险估计不足，最终造成侵权，导致项目失败。

2. 提高知识产权质量

近年来，政府加大创新投入，切实推动产业创新发展，知识产权数量快速增长。但是，由于缺乏有效的知识产权风险管控手段和价值评价手段，科技项目验收时“以论文和专利凑数”现象时有发生；由于项目实施过程中缺乏必要的知识产权创造和运用的指引，所形成的知识产权难与市场接轨。最终，很多专利因不具备市场实用性成为“档案专利”，造成了资源闲置和浪费。

3. 防范国外知识产权风险

20 世纪 90 年代，中国 DVD 产业在国际上异军突起。到 2000 年左右，全球 DVD 播放机产量大约 3000 万台，而中国占全球产量的 46%，其中大部分产品出口国外。中国 DVD 产业在国际上的如潮攻势，激起国外厂商的强烈反弹。2000 年年底，由东芝公司、松下电器公司、三菱电机公司、日立公司、时代华纳公司、JVC 公司六大 DVD 技术开发商组成的 DVD 专利保护联盟（以下简称 6C 联盟）正式向中国企业宣布“DVD 专利许可激励计划”，要求按照 DVD 标准生产的中国 DVD 整机生产厂家，必须向该联盟缴纳产品售价 4% 或 4 美元的技术专利使用费，为每张 DVD 光盘还要支付 7.5 美分的技术专利使用费[②]。2001 年 2 月，欧盟一些国家的海关在 3C 联盟（由飞利浦公司、索尼公司、先锋公司三大技术开发商组成）的请求下，以我国 DVD 企业没有获得知识产权认证为理由，对我国出口到欧盟国家的 DVD 产品在海关实施扣押。随后 6C 联盟和 3C 联盟要求中国制造商

① 贺化．评议护航：经济科技活动知识产权分析评议案例启示录［M］．北京：知识产权出版社，2014：245.

② 赵立新．“十大”事件影响中国高技术产业发展［J］．中国高新技术企业，2003（5）：30－39.

必须与其达成专利许可协议，否则将向有关法院提起诉讼[①]。2001 年以后，国内很多生产企业纷纷退出 DVD 市场。据统计，当时中国 DVD 生产企业每年要向国外厂商缴纳总额 30 多亿元的费用，超过了中国排名前 10 位的 DVD 生产企业的年利润之和[②]。

我国 DVD 产业发展受阻除了缺乏核心知识产权以外，还有一个重要的原因是缺乏对跨国公司收费行为的知识产权分析评议。事实上，即便是现在，我国半导体照明、光伏电池、工程机械制造等战略性新兴产业领域同样面临跨国公司的知识产权制约。国外优势企业通过专利技术的储备和精心布局、技术标准联盟等方式，挤压我国产业发展空间，压缩产品制造销售利润，并设置各种门槛和准入条件限制。若不尽快建立知识产权分析评议制度，我国的战略性新兴产业发展可能受到知识产权风险的制约。

4. 避免经济损失

2012 年，美国百胜餐饮集团（以下简称百胜公司）收购内蒙古小肥羊餐饮连锁有限公司（以下简称小肥羊公司）。同期，小肥羊公司正式从香港证券交易所摘牌退市。至此，小肥羊公司与百胜旗下的肯德基、必胜客等成为兄弟品牌[③]。通过此次收购，百胜公司不仅可以减少同业竞争对手，还可以直接利用民族品牌已形成的良好声誉和市场份额，迅速扩大在我国市场的占有率，借以提高其在我国的市场竞争力。这就是典型的因忽视知识产权而造成经济损失的案例。近几年，国外企业不断加大在中国市场的布局。例如餐饮行业，法国达能公司收购乐百氏公司，美国高盛公司收购双汇公司，瑞士雀巢公司收购徐福记公司。究其原因，都离不开企业扩大市场份额和提升业内竞争力的初衷。企业在公司并购、重组上市、技术标准等市场活动中会遇到大量的知识产权问题，越是高技术企业和国际化程度高的企业，面临的知识产权问题就越突出。

---

① 赵筱媛．竞争情报助力产业发展：国际竞争背景下的产业竞争情报服务［M］．北京：科学技术文献出版社，2014：27.

② 毛丰付．标准竞争与竞争政策［M］．上海：上海三联书店，2007：2.

③ 尤嫚，李华雨，王艳萍．基于小肥羊收购案的反垄断法程序分析［J］．内蒙古农业大学学报（社会科学版），2012，14（001）：22－25.

第二节 知识产权分析评议的发展

一、中国知识产权分析评议概况

在当前及今后一段时期，我国处于由经济高速增长向高质量发展的转变阶段，也正处于深入实施创新驱动发展战略和国家知识产权战略的关键时期。时代变迁与国家改革发展，一方面强烈地呼唤着自主创新和科技进步，使得经济发展对于创新要素的倚重度不断提升，知识产权与经济建设、科技研发、投资贸易越来越紧密地联系在一起；另一方面，也在客观上使得重大经济和科技活动中的知识产权风险日益增加，自主知识产权流失和各类知识产权纠纷出现的可能性不断加大。因此，深入研究重大经济和科技活动中知识产权分析评议的原理与制度，不仅是实施创新驱动发展战略、国家知识产权战略的迫切需要，而且对推动我国经济高质量发展具有十分重要的支撑作用。

习近平总书记在十九大报告中明确提出“创新是引领发展的第一动力”，并指出要“倡导创新文化，强化知识产权创造、保护、运用”。随着我国经济发展进入新的阶段，单纯依靠承接、模仿和复制国外先进技术来提高全要素生产率、促进经济发展的时期已经过去，对自主创新的要求越来越高，知识产权日益成为国家发展的战略性资源和国际竞争力的核心要素。

近年来，知识产权分析评议在我国知识产权工作实践中受到高度重视和广泛运用。2005 年印发的《国家中长期科学和技术发展规划纲要(2006—2020 年)》首次提出，要建立对企业并购、技术交易等重大经济活动的知识产权特别审查机制；2008 年《国家知识产权战略纲要》明确提出，建立健全重大经济活动知识产权审议制度；2015 年《国务院关于新形势下加快知识产权强国建设的若干意见》提出，建立重大经济活动知识产权分析评议制度，推动企业建立知识产权分析评议机制①。这充分说明知识产权分析评议在国家知识产权战略的层面上具有重要的功能定位。

国务院发布的《国家知识产权战略纲要》中明确指出要强化知识产权在经济、文化和社会政策中的导向作用。国家知识产权局先后出台了《重大经济科技活动知识产权分析评议试点工作管理暂行办法》《国家知识产权局关于加快提升知识产权服务机构分析评议能力的指导意见》《知识产权分析评议工作指南》等政策文件。

在我国，全国各级政府部门已经出台了很多知识产权分析评议相关的政策法规。以广东省为例，为进一步规范广东省重大经济和科技活动知识产权分析评议工作，提高决策的科学性，维护经济及产业安全，广东省人民政府知识产权办公会议办公室于 2017 年 5 月 16 日印发了《广东省重大经济和科技活动知识产权审查评议暂行办法》。2019 年 4 月，广东省市场监督管理局（知识产权局）面向社会发布了《广东省知识产权分析评议工作指南》，从分析评议工作执行方的视角，分析和阐述面对不同知识产权问题或者经营决策时的分析评议内容和分析方法，切实为政府决策、企业经营以及技术研发等提供指导和参考，以提升全省知识产权分析评议的规范化服务水平，精准指引全省知识产权分析评议工作，充分发挥知识产权制度促进产业高质量发展的作用。

二、国外知识产权分析评议概况

就知识产权分析评议而言，发达国家的成熟经验为我国推进知识产权分析评议制度建设提供了有益参考。

1. 政府资助类项目

政府资助类项目通过直接或间接的方式进行知识产权分析评议。韩国建立了大型科研项目的事前评估机制，自 2005 年起每年委托韩国知识产权局对政府资助的创新项目进行知识产权分析评议。美国通过同行评议方式

① 朱一飞．知识产权评议法律化的理论逻辑［J］．高等学校文科学术文摘，2019，036（002）：69－70．

对政府资助或补贴的项目进行间接创新评议。日本经济产业省则采用多种评估方法对大型项目进行评估，尤其看重项目立项阶段的分析评议工作，根据专家及政府人员的意见和要求。

2. 市场经济类

市场经济条件下，绝大多数经济活动由私人企业在法律框架内进行自主决策，因此作为自负盈亏的投资者必须充分考虑包括知识产权在内的各类风险，经济活动一般由投资主体（即企业）自行开展知识产权分析评议。美国、德国、日本等发达国家的企业作为知识产权制度的先行者，对如何运用分析评议手段有着十分丰富的经验，能力水平超过发展中国家的企业。①

3. 纠纷应对类

知识产权分析评议可以减少纠纷发生的可能性。以韩国为例，其通过政府购买服务的方式，由政府组织社会力量深入分析海外知识产权纠纷信息，以此为基础建立涉外知识产权纠纷应对体系。

三、审协广东中心知识产权分析评议的实践探索

1. 为广东省重点领域研发计划开展知识产权分析评议

2018 年 8 月，广东省政府为加快解决“缺芯少核”“一些核心技术、关键零部件、重大装备受制于人”的瓶颈问题，正式启动重点领域研发计划——3 年内针对 9 大主攻方向、43 个领域进行集中攻关和重点突破，财政总投入不低于 100 亿元。

这些项目涉及新一代人工智能、新一代通信与网络、现代工程技术、防灾减灾与应急救援、新能源汽车、激光与增材制造、5G 通信关键材料及应用、先进制造关键支撑材料、第三代半导体材料与器件等“高精尖”领域。

审协广东中心主动发挥自身优势服务地方发展，为广东省重点领域研

① 《竞争情报》编辑部．方兴未艾的知识产权评议：访上海科学技术情报研究所肖沪卫团队［J］．竞争情报，2016，12（004）：4－11．

发计划中的重大科技立项开展知识产权分析评议工作。根据审协广东中心制定的规范与要求，知识产权分析评议共设置 3 个一级评分指标，包括自有知识产权、专利风险及知识产权管理能力，分别体现申报者研发基础强弱、研发方向风险高低及成果转化能力强弱的程度。

广东省重大科技专项工作之所以能将知识产权分析评议纳入制度化轨道，与审协广东中心高质量、高效率地开展评议不无关系。审协广东中心专门成立了知识产权分析评议工作组、知识产权分析评议人才小组，建立了知识产权分析评议指标体系，制定了《知识产权分析评议实施方案》《知识产权分析评议指引》以及知识产权分析评议工作流程和标准化的表格、报告模板。

审协广东中心将各领域的审查员设立专家组并划分项目，使专家组与项目有效匹配，保证了评议的专业性。每一个项目的分析评议工作，都要经过小组评议、专家审查两个环节，各环节严格把控，保证了评议结果的严谨性。审协广东中心编制了可行性研究报告填写模板表格、分析评议表模板及评议报告模板，引导申报单位准确提交相关材料，形成标准化结论意见，同时通过量化评分标准和规范评分规则，保证了评议的公正性。

2. 为广东省拟引进的重大项目进行知识产权分析评议

2014 年春节期间，审协广东中心收到广东省知识产权局转来的广东省发展改革委的一封公函急件，希望尽快针对拟与广东省政府合作的某投资方的固体钒动力电池项目进行知识产权风险评估。

审协广东中心高度重视，立刻组织精干力量对项目开展专利分析研究工作。工作组迅速制订了工作计划，全面分析了钒空气电池产业，以及项目方的专利侵权风险及其自身的专利状况。最终给出“项目存在一定的侵权风险，在实施过程中需要合理规避”等结论和建议。

该报告最终如期提交。报告全面客观地展示和分析了项目的专利情况，警示了项目中存在的知识产权风险，为广东省政府对该项重大技术项目引进决策提供了重要参考。

3. 开展自由实施调查为地方产业投资保驾护航

某光电科技有限公司是一家拥有国际领先技术的硅基第三代半导体芯片（含硅基大功率 LED 芯片、5G 高频滤波芯片、射频功率芯片等）产业技术的国家高新技术企业。目前该光电公司已经完成FBAR滤波器中试生产线建设，并分别与中兴公司、华为公司签署了战略合作协议，拟进入量产阶段。为更好地支持广东省芯片产业发展，解决“卡脖子”技术问题，更好地实现国产替代，广东省粤财基金管理有限公司第一轮拟向该光电公司投资不超过3亿元（包括带动的社会资本在内）。

2020年春节前，受广东省粤财基金管理有限公司委托，审协广东中心为其拟投资的该光电公司的5G高频滤波芯片及FBAR技术进行知识产权分析评议。委托方表示，目前中国在5G相关技术方面的研发处于世界领先水平，但发达国家都在加速5G技术的研发，谋求占领全球5G市场，因此希望审协广东中心能在2个月内完成相关工作，协助委托方尽快完成产业化投资，帮助企业在抢占世界市场中赢得先机。

审协广东中心接受委托后，第一时间组建专项工作团队，克服了新冠肺炎疫情所带来的不利影响，在接受项目委托后一周内提炼出经三方确认后的技术要点，一个半月内完成潜在侵权风险对比文件的检索、筛选、确认和技术分析比对，最终确定了4项高风险专利，并针对上述高风险专利和该光电公司所采用的技术进行了详尽的技术比对，给出了规避建议。

据了解，目前该光电公司已经获得投资立项，项目正处于产业链和工艺调研中，审协广东中心通过开展知识产权分析评议，保障了地方资本的有效利用，同时帮助企业进一步梳理了5G相关技术的研发路线，有助于粤港澳大湾区产业转型升级和广深科技创新走廊企业快速发展。

第十一章　知识产权分析评议的实施

知识产权分析评议工作应当根据经济和科技活动类别的不同而有所区别、有针对性地开展。不同类别的经济和科技活动在知识产权方面遇到的挑战和问题类型往往不同。例如，大型科研项目立项前的评估机制，是为大型、中长期政府研发项目进行知识产权分析评议，以防止重复投资，明确专利创造方向，确保项目效率；企业并购类活动重点关注的知识产权问题通常包括并购对象的知识产权价值、知识产权权属风险等；而人才引进类活动重点关注的知识产权问题则通常包括拟引进人才所拥有知识产权的真实性、与项目的匹配度等。因此，应当根据经济和科技活动的类别制定不同的知识产权分析评议方案、内容和模式。

第一节　知识产权分析评议的操作方法

一、知识产权分析评议工作指南

为指导经济科技活动中的知识产权分析评议行为，保证知识产权分析评议质量，贯彻《深入实施国家知识产权战略行动计划（2014—2020）》（国办发〔2014〕64 号）、《国务院关于加快科技服务业发展的若干意见》（国发〔2014〕49 号）和《关于加强战略性新兴产业知识产权工作的若干意见》（国办发〔2012〕28 号）相关部署，国家知识产权局于 2014 年 12 月 23 日印发了《知识产权分析评议工作指南》，为知识产权分析评议工作的开展提供了指引。该指南详细介绍了知识产权分析评议的基本原则和操作方法。

1. 实施知识产权分析评议的基本原则

①目标性。应从委托方经济和科技活动的知识产权切实需求和实际问题出发。②科学性。应根据委托方需求确定分析评议的任务，科学全面地开展法律、技术、市场方面的信息检索与情报分析。③综合性。应立足经济科技活动的实施要求，在系统分析知识产权相关情报的基础上，结合产业环境、市场环境和法制政策环境等信息，进行综合研究与判断。④建设性。应针对经济科技活动中的知识产权竞争态势特点、问题和风险，提出具可操作性的策略建议。

2. 知识产权分析评议的适用类别

（1）公共管理活动。

知识产权分析评议适用的公共管理活动包括科技创新计划管理、科技产业化计划管理、科技奖励评审认定、高新技术企业及新产品认定、技术标准制修订审批、国有资产重组与剥离审批、重大投资项目审批、重大技术项目引进、企业上市监管、技术创新人才引进、科技创业人才引进、技术进出口管理、行业战略规划重点项目及产业政策制定等。

公共管理活动开展知识产权分析评议的工作重点是，结合产业和区域规划、创新发展水平等要素，对重大经济和科技活动的立项方向、知识产权风险、计划和项目的知识产权绩效、公共政策的可实施性等进行分析评议和综合研究，为重大经济和科技活动的管理和决策提出合理化建议。在公共管理活动中，一般由行政主管部门直接委托第三方提供知识产权分析评议服务，或要求管理相对方提供有一定资质的服务机构出具的知识产权分析评议报告。行政主管部门作为知识产权分析评议的直接委托方时，通常采取购买服务的方式，既可自行委托，也可与知识产权行政管理部门联合委托。

（2）工商管理活动。

知识产权分析评议适用的工商管理活动包括研发项目管理、创新人才引进及管理、技术标准制修订或技术标准采用、技术/知识产权许可或转让、企业供应链构建、产品上市及出口、工业展会参展、企业无形资产管理、企业上市辅导、企业兼并购活动、企业资产重组与剥离、企业破产清算、企业战略规划编制、商业融资投资活动、知识产权维权、知识产权侵权应对等。在工商管理活动中，开展知识产权分析评议的主要目的在于提高企事业单位的创新效率和质量，妥善解决工商管理活动中的知识产权问题，规避知识产权风险，形成有效的市场竞争策略。

工商管理活动开展知识产权分析评议的工作重点是结合企事业单位的商业目标、资源状况、竞争环境等因素，对具体经济和科技活动中的知识产权竞争态势、知识产权风险、知识产权资产状况、知识产权绩效等进行预测、评估、审计和评价，寻找创新空间，支撑知识产权布局，协助纠纷处理，为商业活动的顺利实施保驾护航。

3. 知识产权分析评议的主要内容

（1）法律类分析模块。

该模块包括知识产权法律信息查证、知识产权权属关系查证、知识产权法律风险分析、知识产权相关权利义务调研、目标市场知识产权法律环境调研、知识产权相关协议条款审查、知识产权稳定性评价和知识产权保护强度评价等。

（2）技术类分析模块。

该模块包括专利技术趋势分析、专利技术竞争热度分析、创新空间分析、创新启示分析、技术可替代性分析、技术核心度调查、技术创新度评价和技术成熟度调查等。

（3）市场类分析模块。

该模块包括产业知识产权竞争状况调查、知识产权关联度调查、目标对象知识产权策略及实力评价、知识产权资产审计与评估、知识产权经济效益调查等。

4. 知识产权分析评议的基本步骤

知识产权分析评议通常包括需求分析与任务确定、分析评议准备、方案实施、成果交付、交付反馈和后续服务等环节。

在需求分析与任务确定环节，实施方应与委托方就知识产权分析评议的背景和需求进行充分沟通，在对经济和科技活动的情境条件及具体要求、产业领域特点等进行综合分析的基础上，明确分析评议的任务目标。

在分析评议准备环节，实施方应根据既定任务目标、所属行业领域竞争状况、分析评议类型及其实施特点，制定工作方案与工作计划，组建工作团队，并开展前期的资料搜集与调研。委托方应积极配合实施方提出的信息需求，提供所需的行业资讯和项目背景资料。

在方案实施环节，实施方应按照工作方案和工作计划，根据分析评议的类别内容选择合适的分析模块进行组配。实施方应做好分析评议的时间管理、质量管理、成本管理、沟通管理和风险管理，保障团队投入时间，配置专业分析工具，确保采用信息准确完备，逻辑推理周延客观，分析结论有理有据，对策建议合理有效。

实施方应按照既定的计划安排，交付阶段性成果和终成果。实施方应主动就阶段性成果与委托方进行沟通，委托方对于实施方提供的阶段性成果，应及时参与讨论并予以确认。

分析评议最终成果的形式包括文本成果和非文本成果。文本成果包括分析评议最终报告、过程文档、基础数据、分项报告、引用文件等；非文本成果包括咨询建议、应用培训、实施辅导等。

分析评议最终报告应根据委托方和应用方的使用要求，确定报告的呈现形式和内容重点。面向决策者的报告，应简明、准确地阐述问题，给出明确结论和对策建议；面向应用方具体实施人员的报告，应详尽、全面地阐述问题，给出具体、可操作的策略建议。

分析评议成果交付后，对于委托方提出的合理要求，实施方应积极响应并与委托方沟通解决方案。实施方应积极完成与之相关的咨询建议、应用培训、实施辅导等后续服务。

实施方应建立分析评议质量控制体系，在分析评议过程中和成果交付后收集委托方和应用方的评价反馈信息，分析自身质量问题，确定改进目标，形成整改方案加以改进。

5. 分析评议报告的要求

分析评议最终报告一般包括正文和附录。报告正文一般包括经济和科技活动的基本信息、分析评议的任务目标、分析评议模块的内容构成、主要结论以及应对策略建议。分析评议模块内容组成应当紧扣项目需求，进行逐条评议。分析评议结论应当明确、简明。策略建议应具针对性和可操作性。附录可根据委托方的具体需求设定，包括分析评议过程中产生的过程文档、基础数据、分项报告、引用文件等。

二、知识产权分析评议服务规范

2019 年，国家市场监督管理总局和中国国家标准化管理委员会联合发布了《知识产权分析评议服务 服务规范》（GB/T 37286—2019），明确了由第三方机构提供的，以实施知识产权分析评议为核心的一系列活动与过程的操作标准，为服务机构提供了标准化的指引，指导经济和科技活动中的知识产权分析评议行为，保证知识产权分析评议的质量和服务规范。该标准对知识产权分析评议相关的术语和定义进行了介绍，对法律相关、技术相关、商业相关知识产权分析评议的服务内容进行了规范，详细给出了服务提供者、服务人员、服务管理、服务实施过程、服务评价的操作办法，并给出了知识产权分析评议报告的规范性的内容要求。

第二节　知识产权分析评议的应用场景

按照应用场景的不同，知识产权分析评议可以为新技术立项、技术引进、人才引进、企业并购等多个场景提供重要情报和建议。本节分别对多种情况下的知识产权分析评议操作方法进行介绍，并辅以典型案例分析，供读者在开展分析评议时进行参考。如果读者需要更为详细的分析方法，可以参考本书第一部分专利分析中的相应内容①。

一、新技术立项

目前，全国主要省市每年都会投入大量资金在重点领域设立重点专项

① 本节部分内容参考了《国家知识产权分析评议工作指南》和《广东省知识产权分析评议工作指南》。

工程以及核心技术攻关项目等，资助企业进行研究和开发，增强企业的核心创新能力，促进产业转型升级。新技术的立项会对企业甚至整个产业和相关地区产生非常深远的影响。因而，在新技术立项时，开展知识产权分析评议可以基于对技术、产业和市场的预测，辅助制定投资规划，甄选项目，评估知识产权风险，并对项目的绩效进行追踪评价。开展新技术立项的知识产权分析评议主要包括需求调查、评议分析、结论及建议三个部分。

（1）需求调查。企业或政府在立项的前期必须进行需求调查，确认拟立项技术的整体概况，需要攻克的难点、目标和方向等。首先，需要确认拟立项技术所处的行业，以及该行业的技术发展状况、产业链结构、市场竞争情况、新旧技术转换、技术发展趋势和方向等。其次，需要掌握拟立项技术所在行业或产业的技术难点和痛点，是否存在技术突破的可能性。最后，需要明确拟立项技术所有需要解决的技术问题和预期成果，考量是否进行立项。

（2）评议分析。评议分析主要包括产业分析、专利分析和市场分析。产业分析主要包括对技术基本概况、技术发展历程、竞争者概况、竞争合作关系等的分析。专利分析主要包括对技术发展趋势、专利分布（技术热点/空白点）、申请人分布、技术路线图、专利法律状态等的分析。市场分析主要包括对专利交易（包括技术转移、许可和转让）、专利诉讼等情况的分析。

（3）结论及建议。基于前期对立项的需求调查、评议分析等工作，给出结论及建议。对项目立项与否给出明确结论，并适当给出风险或可行性建议。一般来说，给出的结论和建议包括项目在技术发展中的位置（即将淘汰/超前）、项目重要性（对国家、区域、产业发展的作用）、项目是否可行（成功率、成本）、项目研究基础（专利稳定性、侵权风险、权属关系）等。

二、专利布局

企业为了保护技术、遏制对手、获取利益，通常都会将技术以专利的形式进行保护。但是零散的专利申请并不能有效地遏制竞争对手，有经验的竞争者会通过规避设计，来避开零散专利中全部权利要求的保护范围。因此，为了将技术最大化利用，获得更多的市场利益，企业往往会申请保护层级分明、功效齐备的专利组合，作为企业专利布局的基础。

专利布局就是用一定方法对创新成果进行创造性的剖析和甄选，通过企业综合产业、市场和法律等因素，对专利进行有机结合，涵盖与企业利害相关的时间、地域、技术和产品等维度，构建严密高效的专利保护网，最终形成对企业有利的专利组合。① 为了专利布局而进行的知识产权分析评议主要包括产业调研、专利分析、市场主体分析、专利挖掘、专利布局建议等模块。

产业调研。如前所述，专利布局的目的是形成对企业有利的专利组合，获取更多的市场利益，因此必须要明确所在产业的基本情况。对产业进行调研，包括对产业链、供应链、价值链②、技术和产品、竞争合作关系、行业政策、市场环境等的调研，从而确定布局方向和节点。

专利分析。通过专利分析了解产业中专利技术概况、专利布局情况、技术热点和空白点等，一般需要分析专利基础信息（包括常规的著录项目）、专利态势、技术路线图、专利技术功效、重点专利等，并对应进行专利布局。

市场主体分析。通过市场主体分析，了解重要申请人的情况、重要产品的概况、市场交易环境等。一般需要分析重要申请人（例如企业）的发展历程、财务状况、供应链、物流体系、销售体系等，重要产品的功能、发展历程和方向，核心技术及其应用场景，技术转移和转让关系，专利交易（包括交易方、金额），诉讼分析（地区、结果）等。

专利挖掘。基于产业调研、专利和市场主体的分析，可以给出专利挖掘的建议，为专利布局做铺垫。一般来说专利挖掘包括查新检索（了解现有技术）、核心专利分析（挖掘创新点）、专利申请策略（从产品、方法和

---

① 袁鹏飞. 专利战略与企业发展［M］. 天津：天津人民出版社，2017：155.

② 此处涉及的调研内容，产业链是指产业上中下游规模、现状及发展趋势。供应链是指厂商之间的供需。价值链是指产业链上各环节厂商的产值、营收和利润。

技术多维度申请)、地域分析（产品和技术最适合投放的市场）等。

专利布局建议。通过调研、专利和市场分析、专利挖掘，已经可以形成初步的布局建议，但专利布局事实上是动态变化的持续性过程，因此还应当对“变量”进行分析，从而给出更为准确的布局建议。一般来说，这些“变量”可以通过周期性地分析特定行业、特定产品、特定申请人的技术发展趋势、专利布局情况来进行监控。同时，还需要着重关注重要申请人（竞争对手）的专利技术、发明点、有效专利等。这样才能随着市场变化、产品更替、技术更新实时调整专利布局。

三、技术引进

技术引进是指技术接受方通过贸易、经济合作或其他渠道从技术供给方获得先进技术的过程。① 它包括获得产品的设计制造工艺、材料配方、测试方法、样机和样品，以及科学的经营管理方法等。这一过程统称为技术转移，对于技术提供方叫作技术转让，对于技术接受方叫作技术引进②。

技术引进过程包括消化吸收和创新发展两个层次。消化吸收实质上是掌握引进技术的精髓，变引进技术为自己的技术，使引进技术适应本国和本企业的生产条件。引进技术的消化吸收包括国产化改革，即通过转化设计标准、图纸及工艺标准、检验标准等各个技术环节，达到使用国产原材料、零部件和配套件生产出性能和质量达到转让产品的水平。同时，一个国家或一个企业不能只靠消化吸收来提高本国或本企业的技术水平，必须在消化吸收的基础上创新发展，推动本国或本企业自主研究开发能力的提高，实现技术引进的良性循环。

20 世纪 90 年代，我国决定以三峡工程为契机，通过国际招标引进国外先进技术，提升我国发电设备领域的竞争力。其中，包括加拿大 GE 公司在内的 VGS 联合体与我国某大型企业合作制造六台水轮机。为配合外资

① 武汉大学新闻与传播学院，等．新闻与传播评论：2016 年卷［M］．武汉：武汉大学出版社，2017：166.

② 王洁，程旭辉，李烨，等．大型技术引进项目合同谈判中的知识产权策略［C］//2014 年中华全国专利代理人协会年会第五届知识产权论坛论文集（第一部分），2014.

企业向中方进行技术转让，三峡总公司要求中标的外资企业必须向中方全面转让核心技术，仅技术转让费就支付了约 1.3 亿元人民币。然而，由于未充分分析和有效约定技术引进合同中有关专利技术使用条款，2002 年 4 月，我国企业在与加拿大 GE 公司谈判共同参加龙滩水电站水轮机组制造投标时，加拿大 GE 公司提出在原技术合作份额不变的情况下，要另收取合同金额 4% 的专利使用费，并提出今后我国企业承担三峡右岸和其他已立项的中大型水电站发电机组制造若不与加拿大 GE 公司合作，将不被许可制造该水轮机转轮，水电站也不能使用有这种转轮的水轮机；若其专利技术被采用，均将另外收取合同额 4% 的专利使用费。该案例表明，在技术引进中知识产权分析评议的缺失导致我国企业陷于被动，造成损失。①

技术引进过程中，涉及知识产权的主要行为包括专利权转让、专利实施许可、技术秘密转让、技术服务等。在进行技术引进时，知识产权分析评议的主要流程和思路具体如下。

分析企业现状和产业趋势。一方面，在技术引进前，需要对企业自身现有的知识产权进行分析（如专利和商标的数量、法律状态、权属关系等），以了解企业自身的技术和知识产权现状，明确技术引进需求，避免盲目引进。另一方面，需要了解产业知识产权整体布局和竞争态势（包括区域和技术布局、技术生命周期、核心专利、诉讼状态等），分析区域产业发展和企业自身的比较优势，明确企业未来发展对相关技术知识产权的需求，确定技术引进的方向。

拟引进技术的权利人分析。当确定了拟引进技术的目标企业后，需要评估拟引进技术的知识产权权利人（企业/高校），考察其技术优势，了解其生产经营特点、知识产权策略等。同时，需评估拟引进技术的权利人所在市场对技术引进的相关政策要求，对技术范围的限制和程序等，从而判断是否有可能与目标企业开展合作。

拟引进技术的价值分析。知识产权的价值评估一般考虑技术、法律和市场三个维度。技术维度主要包括技术先进性、可实现性、可替代性和成

---

① 贺化. 评议护航：经济科技活动知识产权分析评议案例启示录［M］. 北京：知识产权出版社，2014：113.

熟度，专利技术的生命周期，专利的可规避性以及依赖性等。法律维度主要包括专利权的稳定性、权利要求的保护范围、专利布局状况（同族专利）、法律生命周期①等。市场维度主要包括产品和技术的市场化程度（是否能够实施）、市场涵盖度②、专利交易的收益状况等。对备选引进技术进行深入评估，有助于了解备选技术的引进合作方，并通过掌握更多信息增加谈判筹码。

拟引进技术的风险评估。在明确待引进的技术后，需对待引进技术的潜在风险进行评估，及时调整技术合作对象、引进目标等。同时，也可以充分利用通过分析评议获得的技术转让方的知识产权劣势作为后续谈判的筹码，争取降低引进成本。引进技术的风险评议主要包括：调研待引进技术的权属，例如权利人是否通过不当行为获得知识产权、技术保护措施是否到位、技术秘密是否已经泄露等；分析待引进技术是否存在知识产权纠纷（例如曾担任过原告、被告），或行业竞争者正在实施侵犯知识产权的行为，包括拟引进技术的企业是否正处于诉讼中；分析合同相关风险，例如合同是否限制了许可转让，拟引进技术的主要发明人之间是否签署了影响技术引进的权利义务关系的合同，是否对销售、供货、质押贷款进行了限制等。

技术引进后的创新发展。前文提到，技术引进过程包括消化吸收和创新发展两个层次。消化吸收实质上是掌握引进技术的精髓，变引进技术为自己的技术，使引进技术适应本国和本企业的生产条件。而创新发展则要对引进技术进行梳理，探寻引进技术与自身技术的融合发展，制定整合后的知识产权整体发展战略，实现“1 +1 >2”的效果。

四、技术出口

根据《中华人民共和国技术进出口管理条例》《技术进出口合同登记

---

① 法律生命周期：指某项专利所剩余的法定保护年限基于专利的时间性，其距届满日越久，则可判断其相对价值越大。

② 市场涵盖度：指某项专利的保护范围所涵盖的产业链位置、产业参与者以及产品型号、市值以及市场占有率等信息。

管理办法》以及《知识产权对外转让有关工作办法（试行）》的相关规定，技术出口是指从中华人民共和国境内向中华人民共和国境外，通过贸易、投资或者经济技术合作的方式转移技术的行为。技术出口、外国投资者并购境内企业等活动中涉及专利权、集成电路布图设计专有权、计算机软件著作权、植物新品种权等知识产权（包括其申请权）对外转让的，需要进行审查及备案。属于禁止出口的技术，不得出口。属于限制出口的技术，实行许可证管理，未经许可，不得出口。属于自由出口的技术，实行合同登记管理。

关于产品出口，其含义较容易理解，随着经济全球化和我国对外开放的不断深化，很多企业的产品不仅在国内销售，还会销往其他国家和地区，但不同国家和区域的政策、法律和市场环境差异较大，竞争对手的情况也更为复杂，更应该在产品上市和出口前对生产地、销售地等进行全面的调研分析。开展技术或产品出口的知识产权分析评议主要包括以下内容。

相关知识产权分析。在技术或产品出口前，对企业拟出口的技术和产品及其涉及的知识产权状况进行分析，主要包括调研技术或产品所涉及的全部知识产权状况（包括专利、商标、商业秘密、软件著作权等）、调研专利情况（包括数量、布局、质量和法律状态）、调研现有知识产权的实施许可情况等。

知识产权保护环境。分析拟出口目的地的知识产权保护环境，主要包括对应区域或国家的知识产权相关法律法规、侵权裁定的尺度、海关的知识产权相关要求、诉讼及行政执法程序和要求等。同时，还需要评价出口目的地是否围绕拟出口的技术和产品形成了良好且有效的知识产权（特别是专利）布局。

知识产权风险评估。在明确拟出口的技术或产品后，需对拟出口的技术或产品的知识产权风险进行评估，以便及时调整出口策略。风险评估的模块主要包括实施相关技术的风险（排查相关专利）、技术和产品出口的相关法律法规（是否禁止出口）、分析合同风险（关注二次交易、二次开发等问题），以及是否侵犯他人知识产权（考虑遭遇侵权诉讼或贸易制裁的可能性）、是否被他人侵权（必要时，通过诉讼启动维权程序）等。

五、新产品上市

新产品往往涉及很多技术点，这些技术点通常会涉及专利技术。对于这些技术点，企业是否已经申请专利获得保护，对产品的实施进行保驾护航，是企业推出产品前需要考虑的。

企业在新产品上市之前开展知识产权分析评议工作尤为重要。这可以帮助企业尽量做好各项准备，避免临时禁令、海关扣押、侵权诉讼等不利情况。一旦遇到这些情况，也可以积极采用各项预案策略，以避免更大的损失。建议企业新产品上市的知识产权分析评议包括如下内容：对将要上市的新产品进行技术拆解和查新检索，分析其可专利的技术点，进行专利挖掘、专利布局，抢占先机，降低侵权风险，增加谈判筹码。同时，对企业自身专利布局进行分析和梳理，综合产业、市场和法律等因素，涵盖与企业利益相关的时间、地域、技术和产品等维度，构建专利保护网（可通过专利申请、交易等方式获得保护），为产品后续可能遇到的知识产权风险、商业合作和谈判做好准备。

六、自由实施调查

自由实施（Freedom to Operate，FTO）是指在不侵犯他人专利权的前提下对一项技术自由地进行使用和开发，并将通过该技术生产的产品投入市场。广义的自由实施还包括实施该技术时不违反其他法律法规的规定。而 FTO 调查则是指对实施该技术是否可能侵犯他人专利权和违反其他法律法规的规定而进行的调查和研究。本书所指的 FTO 调查特指不侵犯他人的专利权的调查。

在中国知识产权司法审判中，法院根据侵权人侵权的性质和情节等因素对赔偿额度作出决定，而侵权人是否构成故意侵权也是法院考量的一个因素。若 FTO 调查报告的评估结果显示被调查的技术不构成对其他专利权的侵犯，则即使该技术最终被认定侵权，法院也会因侵权企业不构成故意侵权而在认定赔偿额时作出较轻的裁决。由此看来，FTO 调查有助于为使用该技术的企业减少经济损失，带来商业价值。因此，企业新产品上市和出口之前，进行 FTO 调查尤为重要。其分析内容主要包括以下几个方面：①专利风险排查，通过技术拆解、专利检索、相关专利分析避免侵权；②侵权判定，通过分析权利要求保护范围，进行侵权比对，给出结论；③权利人分析，通过分析权利人的产品、市场和布局信息，为合作和谈判提供支撑。

针对侵权判定结果给出策略建议，具体可以包括以下多种应对策略：①抗辩应对：先用权抗辩、现有技术抗辩、合法来源抗辩、不侵权抗辩；②提起专利无效程序：针对专利权提起专利无效程序，使专利被宣告无效或部分无效，使标的产品不落入权利范围；③规避设计方案：设计技术规避方案，避免落入权利范围，或在专利权期限范围外、地域范围外实施；④商业谈判：获得许可、交叉许可、专利转让、建立专利联盟或和解赔偿；⑤反诉应对：调查分析对方产品侵权可能性，以己方专利提出反诉的策略。

通常来说，开展 FTO 调查可以尽早使企业查明其欲实施的技术是否有侵犯他人在先知识产权的可能性。但是，企业从技术研发到投入产品生产通常需要一个漫长的过程，这就可能导致企业在研发某技术时完成的 FTO 调查报告无法涉及之后获得专利保护的新技术，使得产品在日后推向市场时侵犯他人最新的在先专利权。若在先专利权在企业完成 FTO 调查报告之后才被公诸于众，该报告则有可能遗漏最新的在先专利权，那么企业将承担该风险。因此，企业应如何选择开展 FTO 调查工作的时间点，就显得尤为重要。

此外，由于专利保护具有很强的地域性，在不同地域进行的 FTO 调查可能会由不同团队来完成。这就意味着，若欲实施新技术的公司希望在多个地域实施和使用该技术，FTO 调查则应在这些地域同时进行。

最后，在 FTO 调查过程中，调查团队可能会发现一些已经过期的专利技术。这些已经超过专利保护期的技术有时会在帮助企业改进被调查的技术上起到重要作用。

七、展会

随着我国对外开放的不断深入，除部分发达国家主办的一些行业重要展会外，我国所举办的各级展会也越来越受到参展方的青睐。越来越多的中国企业通过参加国内外举办的各种展会实现了产品销售和推广品牌的目标。但是，展会上特别是一些境外展会上的知识产权纠纷，成了中国企业疲于应对知识产权纠纷的海外战场。

例如，2007 年 3 月，在德国汉诺威国际消费电子、信息及通信博览会上，开展仅数小时之后，12 家中国参展商便因涉嫌侵犯意大利专利管理公司 SISVEL 公司的专利而遭到德国海关查抄，所涉产品包括 MP3、DVD 播放器、汽车导航仪等多种电子产品。2008 年 3 月，同样是在该展会上，39 家中国著名厂商被查抄，原因除了 SISVEL 公司提出的 MP3 专利问题外，又有索尼爱立信公司、飞利浦公司、博世公司等以外观设计、商标侵权等理由向德国检察院提请查抄。境外展会是中国向世界展示自身实力的舞台。国际展会中屡遭查封扣押，不仅直接阻碍了参展企业的布展计划，使企业失去产品的营销良机，更损害了我国企业的国际形象，削弱我国相关企业甚至相关产业立足国际市场的竞争优势。境外参展中引入知识产权分析评议已迫在眉睫①。

基于上述问题，在企业参加展会类活动之前开展知识产权分析评议工作尤为重要。事实上，展会的知识产权分析评议与新产品上市以及技术和产品出口的知识产权分析评议比较类似，都需要提前做好专利申请和布局，对参展地的政策法律环境进行调查，对参展产品开展 FTO 调查等，从而避免临时禁令、海关扣押等不利情况。为了避免赘述，这里主要针对展会侵权的知识产权应急预案进行介绍。

凡事预则立，不预则废。展会期间，如果遇到竞争对手以知识产权为武器进行的“骚扰行为”，提前制定预案可以有效地化解冲突。具体来说，

---

① 贺化．评议护航：经济科技活动知识产权分析评议案例启示录［M］．北京：知识产权出版社，2014：185.

在展会前开展的知识产权分析评议工作主要包括：自有知识产权证明（如专利和商标的授权文本、许可和转让证明、法院判决），防御性报告（如不侵权分析报告、法院备案），聘请知识产权顾问（提前聘请当地律师有利于及时化解冲突）。

当然，除了侵犯他人的知识产权，还有可能被他人侵犯知识产权。此时，知识产权分析评议的要点则在于 FTO 调查，制定展会维权的预案（包括签署协议、通过行政司法途径进行维权）等。

八、侵权纠纷和维权援助

随着市场竞争的加剧，以知识产权为主要武器的竞争也在不断加剧，不仅是国外市场，在国内的市场环境下，越来越多的企业也遭遇到侵权纠纷。但是，侵权纠纷并不可怕，很多侵权纠纷仅仅是竞争对手的商业手段或者恐吓行为，在知识产权分析评议之后，可以充分了解案情，在知己知彼的基础上，企业完全能够从容应对。建议企业在遭遇侵权纠纷时进行的知识产权分析评议主要包括以下几个方面。

侵权分析。侵权分析主要是判断专利的侵权行为是否成立，其主要包括涉诉产品的概况、涉诉专利的基本信息、原告涉案专利的基本信息（专利性、稳定性和可执行性）和涉诉专利的侵权比对（权利要求保护范围）、给出侵权比对的结论。

原告方分析。调查原告的基本情况，了解原告的真实目的（阻止产品进入市场、收取许可相关费用、签署合作协议等）及诉讼历史情况（胜诉概率等），以作出相应的应对策略。

应对策略。基于以上调研及分析制定多种应对策略，从而在侵权纠纷中占据主动，把损失降到最低。应对策略与 FTO 调查的应对策略类似，也包括抗辩应对、提起专利无效程序、规避设计方案、商业谈判、反诉应对等，此处不再赘述。

九、人才引进

随着我国产业升级和企业走出去的步伐逐步加快，我国对于技术人才尤其是高端技术人才的需求逐渐增加。在引进高端技术人才的过程中，通过知识产权分析评议，能够准确把握创新需求的基础上实现人才定向引进，对人才的真实能力和价值进行客观评价，有助于“找准人，引对人”；对拟引进人才所附带的知识产权风险进行分析评议，有助于及时掌控侵权违约等风险，在人才未“进门”前采取措施，消除潜在隐患。因此，在引入人才之前需要做好一系列调研和分析工作。人才引进主要包括人才匹配度、人才创新能力以及人才知识产权风险三个部分。具体而言，知识产权分析评议可以聚焦在如下几个方面。

人才引进规划。企业在引进人才之前，需要先从产业链和创新链的角度确定自身升级转型或者项目技术难点突破所需要的技术，并深入挖掘所关注领域的技术、产业和市场信息，进行分析比对，考量技术的竞争力，分析把握市场竞争格局、技术发展脉络和产业发展趋势，从而根据企业所需要的技术开展技术调查（专利地图的绘制、非专利文献的筛选），形成人才发展规划，确定哪类人才的储备能够满足要求、哪类人才可以自行培养、哪类人才迫切需要外部引进。明确相关技术人才分布情况，以初步确定需要引进的人才群体。

人才能力调查。通过开展人才能力调查，可以对备选人才进行比较分析，辅助选择更为合适的人才引进对象。可以比较的内容包括：①知识产权概况分析，包括所拥有知识产权的数量（主要指授权专利的拥有量）、真实性、稳定性（权利的稳定性）、可执行性（是否可以实施、是否依赖于他人的知识产权）和完整性的审查。②知识产权风险分析，包括引进人才是否为主要发明人、是否有专利处置权、是否和原雇主签订了特殊协议、是否已经存在专利许可等交易行为。③知识产权价值分析，包括拟引进人才的知识产权价值是否与自身产业发展或项目紧密相关，技术是否先进，布局是否合理，是否可以实施和产业化等。④拟引进人才的技术专长与引进需求的吻合度，着重分析其所拥有的技术专长是否与引进的需求高度相关，知识产权是否有不可替代优势等。⑤拟引进人才的创新能力评价，包括其专利及技术秘密产出效率和数量、专利及技术秘密产出质量、对既有知识产权的贡献程度等，以此判断人才研发潜力。⑥拟引进人才的知识产权管理意识和能力，着重考察拟引进人才对知识产权的重视程度，是否具备基本知识产权技能等①。

其他知识产权风险。企业引进专利人才之前，必须考虑引进之后是否存在技术不能使用、侵犯他人专利等可能导致的知识产权实施风险。人才知识产权风险的主要内容包括协议风险（例如部分企业要求员工离职一年后不得就职于竞争对手的公司工作，或是离职后仍应当承担保守商业秘密的义务）、专利实施的侵权风险（技术或产品本身的风险），以及职务发明与专利权属风险等内容。

另外，我国《专利法》第 6 条中规定："执行本单位任务或者主要是利用本单位的物质技术条件所完成的发明创造为职务发明创造。"为进一步明确"职务发明"的具体情形，在《专利法实施细则》第 12 条中也对其进行了内涵上的限定，"执行本单位的任务所完成的职务发明创造"是指："（一）在本职工作中作出的发明创造；（二）履行本单位交付的本职工作之外的任务所作出的发明创造；（三）退休、调离原单位后或者劳动、人事关系终止后 1 年内作出的，与其在原单位承担的本职工作或者原单位分配的任务有关的发明创造。"可见，引进的人才离职是否满一年以及其申请该专利是否会引来权属纠纷也是需要注意的问题。

十、企业上市

近年来，企业在上市过程中因为知识产权问题而折戟沉沙的现象屡见不鲜。在企业上市前对企业的知识产权进行分析评议，防范风险成为越来越重要的共识。一般来说，针对企业上市的知识产权分析评议内容主要包括如下几个方面。

---

① 刘可迅. 浅议知识产权评议在引进人才中的作用［J］. 电子知识产权，2018，324（11）：106－110.

自有知识产权分析。企业准备上市的前夕，首先要对自身所拥有的知识产权进行梳理，知晓自身拥有哪些知识产权以及其法律状态如何。具体来说，在上市前，企业应当充分掌握自身所拥有的知识产权的种类（专利、商标、著作权等）、数量、权属关系、法律状态、奖励情况。其次，要对已有的知识产权进行合理的管理（主要是指对法律状态的监控、缴费维持等）。最后，要分析自身产品和技术与所拥有知识产权的关联度（部分企业的知识产权和产品本身并无关联）。

知识产权风险评价。如果在企业准备上市前能及时发现企业存在的或者潜在的知识产权风险，并进行有效应对或者准备，则可以避免在进行上市审核时被突发状况打得措手不及而不知如何应对。关于风险评价，主要包括企业对出资的知识产权是否拥有完整的权利（是否存在合作申请等情况）、专利的实施是否必须依赖其他知识产权、是否存在未决的知识产权纠纷（在诉或行政执法案件），以及是否存在协议风险（权利归属、利益分配、保密协议等）。

自主创新能力和成长性。上市企业的投资者一般会比较看重企业的自主创新能力和成长性（盈利能力）。企业的成长性由多方面因素共同决定，但企业的持续创新能力是企业持续盈利能力的一种保障。另外，如果企业赖以生存和发展的核心专利技术被宣告无效，那么对企业将是毁灭性的打击。可见，持续地产出高质量的专利，并把持核心专利的稳定性都是成长性的保障。另外，企业上市后的成长性还与以下因素有关：①企业知识产权管理制度、组织体系、研发团队等情况；②企业技术优势情况，包括企业技术储备情况、技术标准制定参与情况、技术与知识产权奖励和荣誉称号、品牌构筑情况等；③企业知识产权实力情况，包括知识产权产出效率和质量、知识产权的稳定性、技术秘密的先进性和不可规避性情况、知识产权保护强度；④企业知识产权许可收益情况，由知识产权带来的客户议价权增强、知识产权相关产品的市场份额等情况。

十一、企业并购

企业并购是一项复杂性与技术性并存的专业投资活动，并购活动中涉及很多知识面，因此被称为“财力与智力的高级结合”[①]。同时，并购又是一项高收益与高风险伴生的业务，融资风险、债务风险、经营风险、反收购风险、法律风险、信息风险及违约风险等都考验着企业的决策者。

企业并购的实质是在企业控制权的运动过程中，各权利主体依据企业产权作出的制度安排而进行的一种权利让渡行为。并购活动是在一定的财产权利制度和企业制度条件下进行的，在并购过程中，某项或某一部分权利主体通过出让所拥有的对企业的控制权而获得相应的收益，另一部分权利主体则通过付出一定代价而获取这部分控制权。企业并购的过程实质上是企业权利主体不断变换的过程[②]。

产生并购行为最基本的动机就是寻求企业的发展。寻求扩张的企业面临着内部扩张和通过并购发展两种选择。内部扩张可能是一个缓慢而不确定的过程，通过并购发展则要迅速得多，尽管其自身具有不确定性。目前，国际上很多跨国并购交易都是由知识产权驱动的，甚至是以知识产权资产的获取作为首要并购目的。越来越多的中国企业也将目光瞄准海外的知识产权，包括品牌和技术等，通过并购的方式来获取知识产权资源，突破海外知识产权壁垒，立足国际市场。对知识产权的重点关注将成为中国企业跨国并购的新趋势。

一般来说，企业并购的知识产权分析评议都要经过以下几个阶段。

并购准备。调查该产业基本概况、行业技术知识产权概况、主要知识产权权利人概况，以制定知识产权并购战略。

知识产权尽职调查。经过比对和综合考量，初步确定几家备选的并购企业，并对目标企业开展知识产权尽职调查，包括知识产权的基本状况、知识产权价值度以及知识产权风险等，从而进一步确定并购对象。一般来说，知识产权尽职调查的分析要点包括[③]知识产权概况（包括公司拥有的知识产权清单、知识产权转让或许可情况、知识产权的保护期限凭证等；除了专利，也应当对商标、著作权等其他知识产权进行考察）、知识产权

---

① 杨柳．中国企业跨国并购财务风险研究［M］．北京：中国经济出版社，2015：195.

② 李宝文．企业发展战略［M］．北京：北京交通大学出版社，2012：104.

③ 中伦文德律师事务所．公司并购：实务操作与法律风险防控［M］．北京：中国法制出版社，2015：79.

价值（技术价值、法律价值和市场价值三个维度）和知识产权风险（包括权利的稳定性、侵权纠纷和诉讼、行业反垄断风险和技术进出口管制风险）。

实施并购。企业并购是个系统工程，即便是在实施并购的过程中，也需要对目标企业与知识产权相关的信息进行最终确认、求证与动作封存，防止法律状态的改变。即使并购完成，也并不意味着是一次成功的并购，并购后的消化吸收、规划整合，也是企业需要重视并认真研究的。并购之后，并购企业应当整合被并购企业的知识产权保护体系，探寻并购获得的技术与企业已有技术的融合发展方向，制定整合后的知识产权整体发展战略，进而实现预期的知识产权协调效应。

十二、技术标准制定或使用

技术标准是在相关标准化领域内的企业进行生产时使用的工艺、方法等所参照或遵循的技术规范。在知识经济时代，技术标准正逐渐成为经济全球化竞争的重要手段。

“技术专利化—专利标准化—标准垄断化”是全球常见的技术标准战略演进路径。谁掌握了标准的制定权，谁的技术成为了主导标准，谁就掌握了市场。近些年来，国内外专利与标准之争越来越激烈。例如，2009 年飞利浦公司诉多家 CD-R 和 CD-RW 光盘供应商的“橙皮书”①；2013 年华为公司与美国 IDC 公司之间的反垄断和标准必要专利之争②；2016 年华为公司诉三星公司 4G 标准专利侵权案③等。

制定标准。了解整个标准的技术体系，同时对与技术标准相关的知识产权进行调研分析，包括必要专利检索、专利实施许可、对技术标准发展进行知识产权布局等。应持续在该技术领域进行专利布局，以保持技术优势，当标准技术发生变化时，依然可以参与标准的制定，获取市场竞争的

① 朱双庆，钟娟，王梦飞．比较知识产权法［M］．合肥：合肥工业大学出版社，2017：42.

② 裴普．涉外民事关系法律适用实务［M］．厦门：厦门大学出版社，2017：540.

③ 张伟君，张韬略．知识产权与竞争法研究：第三卷［M］．北京：知识产权出版社，2017：132.

主动权。

标准采用。技术标准一旦形成，就会有更多的市场主体参与进来，采用技术标准。作为技术标准的采用方，首先需要对技术标准所纳入的标准必要专利进行分析，分析其专利性、必要性、许可费的合理性等[①]；也可积极参与标准的制定，主动获取市场竞争主动权。[②]

标准审核。对于标准审核和评估部门而言，知识产权分析评议的主要内容包括：拟制定的标准的技术先进性、社会接受度和可实施性[③]；标准的实施是否会侵犯他人知识产权；拟制定的标准是否隐藏了专利；拟纳入标准的专利是否为必要专利，行业影响有多大，信息披露是否完整、准确、真实等；拟纳入标准的必要专利的风险性，包括权利稳定性、实施是否依赖其他专利、是否存在权属纠纷等；必要专利的许可方式、许可政策、许可费率是否合理；对标准实施过程中可能形成的知识产权的权益进行合理安排。[④]

---

① 程雅婷. 标准必要专利反垄断法律规制研究［D］. 南京：南京财经大学，2016：19.

② 周子莹. 技术标准中必要专利问题研究［D］. 南昌：南昌大学，2015：13.

③ 姜增源. 知识产权领域适用惩罚性赔偿研究［D］. 烟台：烟台大学，2012：33.

④ 贺化. 评议护航：经济科技活动知识产权分析评议案例启示录［M］. 北京：知识产权出版社，2014：27.

第四部分

专利预警

第十二章　专利预警的基本理论

第一节　专利风险和专利预警

一、专利风险

专利制度的基本原则是“以公开换保护”，即一项专利授权后，其完整的技术方案会向全社会公开，并获取一段时间（例如20年）的技术保护，垄断相应的技术市场，带来商业利益。但是，根据专利法的规定①，当申请一份专利时，无论是否获得授权，自己的技术方案都会被完全公开，成为全人类智力成果的一部分，特别是对于未能获得授权的专利申请人来说，可能会因为技术公开造成经济损失，使得前期的研发和布局“打水漂”。因此，对于申请人来说，申请专利是有风险的，一旦未能授权，可能会造成技术秘密的泄露。

需要明确的是，专利风险事实上是一种悬而未决的状态，其在开始阶段并不会带来现实的损害或影响，然而对专利风险的防范却是非常重要的。

专利风险就像是高悬在头顶的达摩克利斯之剑②，如果放任其发展，让专利风险转化为现实的专利危机，就会产生颠覆产业的毁灭性力量，将

① 尹新天. 中国专利法详解［M］. 北京：知识产权出版社，2011.

② 达摩克利斯之剑，比喻随时都可能降临的灾难，出自希腊神话传说。

会给国家、行业和企业带来难以弥补的损失。

二、专利预警

预警这一概念源于军事领域，但其思想现在已经被广泛延伸到社会政治、宏观管理、环境保护、经济安全、产业发展等各个领域①。

佘廉教授提出，预警是通过寻找警源、分析警兆、评价警度和预控警情等一系列手段，对可能遇到的风险提前做出判断并采取相应措施的方法②，这是对预警较为专业的归纳和总结。但一般认为，预警是指在危害或危险发生之前，根据前人总结的经验或规律得到可能性的预兆，然后向相关部门或人员发出信号，警告危险可能会发生，从而避免相关部门或人员在完全不知情的情况下，因准备不足而造成伤亡或经济损失。

专利预警是一种特殊的预警形式，其通过搜集信息、分析评价、危机防控等手段，规避专利侵权风险，或降低专利侵权造成的损失，以此来维护相关主体的利益③。专利预警，是一种可以规避专利侵权行为、减少专利纠纷发生的机制，运用好专利预警，可以更好地应对竞争对手和“专利流氓”发起的专利攻击，从而在市场竞争中赢得主动，维护企业自身的利益。

1. 专利预警分析的四个要素

专利预警，作为预警的一种特殊范畴，与一般的预警机制相同，也包括寻找警源、分析警兆、评价警度和预控警情四个要素。具体到专利预警，就是指从专利文献数据中提取出多种专利指标，进行专利分析，最终得到能够帮助国家、行业、企业规避专利风险、应对专利危机的预警情报。

（1）寻找警源。

专利预警中的警源是指专利风险发生的根源性因素，如果将这些因素

---

① 张勇．专利预警从管控风险到决胜创新［M］．北京：知识产权出版社，2015：20.

② 佘廉．企业预警管理理论［M］．石家庄：河北科学技术出版社，1999：66.

③ 宋旭芒．企业预警管理理论及其运行机制的研究［D］．杭州：浙江工业大学，2001.

控制住，则专利风险也将被有效地控制。专利预警的警源信息与专利、技术、法律、市场和政策等多种信息相关。

根据佘廉教授的理论，预警是闭环反馈系统，因而警源可以从警兆反向推导得出。因此，从警兆（专利危机）反向寻找警源（专利风险的原因）并尽力消除，是专利预警的根本目的所在。然而，警源是不可能通过预警机制完全消除的。在现实案例中，专利预警更多的是让风险在可控范围内，并防止专利危机的发生，这才是专利预警的基本目标。

（2）分析警兆。

专利预警中的警兆是指专利危机发生时的征兆。事实上，任何危机发生前，都会有一些征兆，这些征兆会通过现象或指标反映出来，专利预警也不例外。在专利预警中，常见的警兆包括专利申请量的明显变化、诉讼数量的变化、针对某一特定技术领域进行大量的专利布局等。

（3）评价警度。

专利预警中的警度是指专利风险可能转化为专利危机的危险程度。警度可以根据需要划分为多个等级，例如无警、轻警、中警、重警和巨警五个等级。① 在开展专利预警时也可以使用警度表征危险，例如“无警”就表示没有专利风险；而“巨警”则表示分析对象（例如企业）已经处在危机爆发的临界状态，必须马上采取措施。在实际的专利预警案例中，更多的是只分析出警兆，再由需求主体根据自身实际情况判断，而不主观地给出警度。

（4）预控警情。

专利预警的警情就是专利危机发生后产生的影响和损害情况。警情是警源中各种因素持续变坏并最终从风险转化为危机所产生的负面影响。例如，某企业面临专利侵权诉讼后，产生的警情是需要缴纳多项大额专利许可费，造成利润下降，但由于警情未得到遏制和消除，最后可能导致企业倒闭或破产。

警源、警兆、警度和警情的概念是现代预警理论的基本概念，但由于这些概念的专业性，在一般的专利预警实务研究中，并不完全采用这些概

① 佘廉．企业预警管理理论［M］．石家庄：河北科学技术出版社，1999：64．

念来分析和描述具体的专利风险情况。

专利预警的信息流动也决定了专利预警的主要步骤：通过专利数据检索获得专利分析的目标数据，对目标数据进行专利分析，将专利分析结果按照一定的模型进行信息集成，最终获得专利预警情报。

2. 专利预警的基本分类

从预警层次上划分，专利预警可分为宏观专利预警和微观专利预警。宏观专利预警主要针对国家、区域、行业或企业的整体专利趋势和态势进行专利分析，主要是从整体上考量专利风险，一般不考量具体技术。微观专利预警则重点考察技术层面的风险，并详细分析或对比具体的技术方案。

从预警环节上划分，专利预警可以分为创造类专利预警、保护类专利预警、运用类专利预警等。具体而言，创造类专利预警可以辅助制定创新策略，优化研制过程，避开可能的专利侵权风险；保护类专利预警（一般是通过专利挖掘、专利布局等方式展开）可以使技术更合理地转化为稳定的专利权得到保护；运用类专利预警可以真正盘活专利资源、更好地发挥专利的市场价值。

从预警主体上划分，专利预警可分为政府专利预警、行业专利预警和企业专利预警。政府专利预警是指政府从促进技术发展、产业发展等公共利益角度进行的专利预警工作，已成为政府面向社会提供公共服务、承担社会风险预警和管理职能的一种有效方案。政府专利预警可分为国家专利预警和区域专利预警，其预警结论主要用于政策的宏观调控。行业专利预警一般是由主管部门、行业协会/组织、企业联合会等从公共利益的角度出发进行的专利预警工作，其预警结论用于行业的资源整合。企业专利预警是指企业因自身需要所进行的专利预警。事实上，对这里的“企业”应进行宽泛的理解，其可以包括大学、研究所等一般性的创新主体。企业专利预警主要是有针对性地预警微观风险，预警结论主要用于企业市场活动的风险规避。

3. 专利预警的作用

陈荣等认为①，专利预警机制的作用是能够通过报警信号的发出避免不必要的专利纠纷，在遇到已经无法避免的纠纷案件时，也能够加快自身面对专利纠纷的反应速度，高效地应对纠纷案件，并且对市场经济的完善有一定的帮助，还可以促进创新活动的积极开展。

赵平生和赵淑欣②认为专利预警机制的作用在于减少纠纷，以及在面对纠纷时能够积极应对而不至于被动承受，除了能够提高自身的应诉能力，还能够为国内的企业发展提供一个良好的竞争环境，极大地提升自身的竞争能力，促进国内相关政策的完善。

总体来说，业界普遍认可的专利预警的作用主要包括以下几个方面。

识别和规避风险。识别和规避风险是专利预警最基本的作用。专利预警可以明确风险来源，了解自身和竞争对手的实力，从而保障国家、行业或企业在研发创新、技术保护、市场竞争中尽可能地绕开“雷区”，避免专利侵权风险。

提供竞争情报。专利预警分析获取了大量的市场信息和专利数据，这些信息蕴含了大量关于竞争环境、竞争对手和竞争策略的信息。不同的专利预警主体可以提取这些信息，并分别形成对国家、行业或是企业有用的竞争情报，最终形成发展战略。

促进技术创新。专利制度建立的初衷是为了促进技术创新③。不同的主体开展专利预警可以在不同层次上促进技术创新。例如，政府和行业开展专利预警，可以通过发布预警信息，帮助区域和行业了解风险、规避风险，从而制定合理的研发路线，抢占先机，促进技术水平提升。而企业通过开展专利预警，除了可以找到有价值的专利（可以通过许可和转让等方式获得），还能找到技术空白点和专利布局的机会，提高研发创新实力。

4. 专利预警的基本流程

专利预警的基本流程主要包括资料搜集、预警分析和结果响应三个

① 陈荣，唐永林，严素梅. 建立药品专利预警机制 减少知识产权纠纷［J］. 科技情报开发与经济，2011，15（2）：245－246.

② 赵平生，赵淑欣. 专利预警企业风险防火墙［J］中国发明与专利，2007（8）：44－45.

③ 朱谢群. 郑成思知识产权文集：基本理论卷［M］. 北京：知识产权出版社，2017：18.

部分。

资料搜集。专利预警的第一步是搜集与需求方发展密切相关的专利、非专利信息，有时可能还涉及政策、法律、市场等信息。在获得这些信息后，一般会通过数据的规范化处理，得到可供专利分析的数据集合。

预警分析。专利预警的第二步是对已经获得的专利、非专利信息进行预警分析，通过分析发现过往工作中的失误（例如错误的研发方向、错误的市场布局）、可能出现的风险（例如竞争者的意图、自身的专利漏洞）以及未来发展方向（例如技术发展趋势、许可和转让方向）等，进而优化产品的生产和研发方向，甚至调整知识产权战略。

结果响应。专利预警的第三步是建立信息的响应机制，将预警分析的结果及时反馈到生产和研发部门以及管理层进行评估，对可能出现的风险进行布防，并建立常态化的风险预警机制，不断规避风险，调整发展战略。

第二节　专利预警的发展历程

世界上大多数对专利信息运用较为充分的国家和地区都已经建立起了比较完备的专利预警机制，形成了由政府、知识产权服务机构、公益机构组成的完整的、多层次的专利预警体系①。

一、美国

美国是一个非常重视知识产权的国家，并将保护知识产权的条款写入开国宪法，很早就提出“知识产权战略”这一概念。第二次世界大战后，美国成为世界头号强国，为了维护自身的经济利益与科技优势，美国政府开始运用知识产权战略，特别是专利战略，同时还通过政治和经济等多种

---

① 马利．我国专利预警机制研究［D］．郑州：中原工学院，2013：13．

手段要求他国在与其发生商业行为时必须按照美国的专利保护模式给予同样的保护。这种方式既避免了纠纷，又非常有效地维护了美国在世界上的优势地位。

大家熟知的美国“301 条款”，通常指修改后的 1988 年综合贸易与竞争法第 1301 ~ 1310 节的内容，就是美国政府对贸易伙伴损害其贸易利益行为、政策和做法进行调查、报复和制裁的法律工具。美国曾依据“301 条款”，迫使日本向美国打开了半导体市场的大门，拱手让出了 20 亿美元市场份额。①

而美国的“337 条款”，是指美国 1930 年关税法第 337 节。“337 调查”是美国国际贸易委员会依据美国“337 条款”的有关规定，针对进口贸易中的知识产权侵权行为以及其他不公平竞争行为开展调查，裁决是否侵权及是否有必要采取救济措施的一项准司法程序。

美国有完备的商业化专利预警模式，代表公司有汤森路透公司（Thomson Reuters）等 30 余家。在美国的专利预警机制中，政府的首要任务是搜集相关资料，并发布到由政府建立的专利信息数据库，同时对可能出现的专利纠纷给予一定的预测和报警，时刻关注与美国合作的贸易伙伴国家的政策变化，对不利于美国专利保护和预警工作的国家施加政治和经济上的压力，同时在美国国内发布年度评估，及时地反映出与国内重点行业相关的专利技术的未来发展趋势，维护好行业、企业的经济利益，并影响美国经济政策和相关行业技术标准的制定②。

二、日本

日本的专利预警机制其实是学习美国成功经验的基础上建立的。日本特许厅于 1999 年 3 月 31 日通过工业产权数字图书馆提供专利检索服务，并定期更新，这些能够有效指导日本企业对现有的专利信息进行分析，达到规避专利纠纷的目的。

---

① 钱永铭．专利向我们挑战［J］．华东科技，1999，3（22）：22 - 23.

② 方曙，张娴，胡正银．知识产权信息资源使用指南［M］．北京：科学出版社，2012：24.

日本在“二战”后，围绕专利预警，主要实行了三个战略。一是模仿改良。对已有的专利技术通过消化吸收，进行改进和二次开发，其主要针对国内紧缺的、能产生高回报的专利技术。这种战略迅速带来了日本的科技与经济复兴。二是国内保护。当日本科技水平发展到可以与发达国家竞争的时候，日本开始关注专利预警工作。主要做法是推迟批准那些对工业发展有重大影响的基本专利，以使日本企业有足够的时间追赶该技术。在日本，拖延批准外国的专利达 10 ~ 14 年之久是常见的现象，最典型的例子是美国德州仪器公司的半导体专利在日本被推迟 30 年之久才获得授权①。另外，美国梅苏克斯公司有一种红外传感技术，在美国获得专利权后又分别在前联邦德国和瑞典获得专利权，然而在日本申请专利时却不顺利。日本的竞争对手利用异议程序使美国企业详细披露了该技术内容，此后一家日本企业便模仿该技术申请了大量改进专利，先后在日本获得专利权。美国梅苏克斯公司的专利申请在美国获得授权 20 年以后才在日本获得批准，该公司因而失去了在日本市场多年的独占权。三是进攻海外。日本企业重视海外专利申请与意图占领国外市场是有密切联系的。日本政府通过专利预警机制发现一些对国内行业发展具有重大推动作用的专利时，便鼓励日本企业通过收购国外企业来获得相关技术领域的专利，以增强国内企业的国际市场竞争能力。日本主要是靠出口贸易来维持其生存与发展，要向国外输出产品或投资，专利先行战略是必不可少的。②

三、欧洲

欧洲专利局虽然是欧洲国家间的合作组织，但其建立的欧洲专利体系却包含相当丰富的专利相关的资源。1996 年欧盟数据库指令启用，只要是完善的数据（即使未获权）就会给予收录，这为欧盟的专利预警工作提供了一个完善的数据检索分析平台。欧盟也采用了商业模式的专利情报预

① 冯晓青．试论日本企业专利战略及对我国的启示［J］．北京航空航天大学学报（社会科学版），2001，14（3）：30－34．

② 冯晓青．企业知识产权战略［M］．4 版．北京：知识产权出版社，2015：53．

警，例如汤姆逊（THOMSON）公司。

欧盟主要的专利预警机制就是得到欧盟授权的成员国对市场进行有力的监管与监督，及时地将相关信息反馈回来，并指导国内企业利用这些规则进行预警工作，从而规避风险，避免了社会资源的浪费。2000 年，欧盟提出了建立整体性的进出口贸易纠纷预警机制。2012 年 12 月 11 日，欧洲议会通过欧盟单一专利制度的议案，这为欧盟实现单一专利保护提出了新的政策支持，也为专利的预警工作提供了便利①。

四、中国

1985 年 4 月 1 日，原中国专利局正式开始受理专利申请。到 1990 年，我国的发明专利申请首次突破 1 万件，之后申请量不断攀升。中国专利事业跨越式发展的 30 余年中，专利制度在激励创新、推动创新型国家建设方面发挥了不可替代的积极作用。2001 年，中国知识产权事业发展的探路者提出了建立预警机制的构想，根据这一构想，专利预警工作的开展可以分为三个阶段。②

（1）第一阶段：公益化的理念宣传和普及阶段。

第一阶段主要通过有意识、有针对性地为国内企业，特别是行业龙头企业，提供专利预警服务而增强专利预警工作的社会认可度和影响力。根据第一阶段的工作设想，2003 年以后，依托国家知识产权局，先后有一批具有研究实力和服务能力的下属单位开始面向社会提供专利预警及应急应对咨询服务。

（2）第二阶段：政策性的服务培育和发展阶段。

2008 年，以《国家知识产权战略纲要》的颁布为契机，国家知识产权局正式成立了专利分析和预警工作领导小组，全面贯彻落实《国家知识产权战略纲要》中提出的“建立知识产权预警应急机制。发布重点领域的知识产权发展态势报告，对可能发生的涉及面广、影响大的知识产权纠纷、

---

① 方曙，张娴，胡正银．知识产权信息资源使用指南［M］．北京：科学出版社，2012：73.

② 张勇．专利预警：从管控风险到决胜创新［M］．北京：知识产权出版社，2015：24.

争端和突发事件，制订预案，妥善应对，控制和减轻灾害”。从政策导向上开始构建专利预警工作的长效机制，确立稳起步、有计划、重实效的专利预警工作方针。在明确的政策导向下，结合国家培育和发展高新技术服务业的有关战略部署，专利预警工作进入了发展快车道。

（3）第三阶段：系统化的机制建立与完善阶段。

在专利预警的社会需求得到一定程度的激发、专利预警社会服务能力有了一定的资源积淀之后，为了专利预警工作的持续健康发展，就必须要建立一套自上而下的长效专利预警管理和规范机制。这一规范化机制的建立将有利于明确政府、行业组织及企事业单位在专利预警工作开展中的分工定位。

近年来，社会对专利预警信息的披露需求日益迫切，市场化的专利预警服务能力也在不断提升，这标志着中国的专利预警工作发展已经基本走完了第一阶段和第二阶段，并正在快速迈入第三阶段，这也正是专利预警工作今后快速、持续、健康发展的基本保障。

第三节　专利风险及危机的应对

专利预警是专利危机管理的重要手段，开展专利预警就是为了尽早地发现专利风险，从而规避或者减小专利危机所造成的危害。本节将更多地以创新主体的视角，围绕专利风险的应对预案和专利危机事件的化解进行论述。

一、专利风险的应对

专利风险大体上可分为单一风险和系统性风险两种。

单一风险一般来源于某个或某一批专利侵权风险案件，在应对过程中，需要针对侵权的具体问题进行分析，并制定相应的应急预案，防止危机的发生。

系统性风险则是一种多维度的专利风险，这类风险可能来源于创新的各个环节，包括研发、成果保护、市场运用等，这类风险并没有明确的针对性应对举措，更多的是从根本上提升企业或行业的自主创新能力、成果保护水平、市场运用技巧等。但冰冻三尺非一日之寒，对于系统性风险，企业和行业需要制定行之有效的中长期研发规划和知识产权战略，并坚持较长时间才能有所收获。

二、专利危机的应对

当专利风险以专利侵权诉讼等形式表现出来时，专利风险就转化为现实的专利危机。此时，被诉企业应当及时分析危机的原因和危害程度，及时响应，并进行危机管理。危机管理是企业为应对各种危机情境所进行的规划决策、动态调整、化解处理及员工培训等活动过程，其目的在于消除或降低危机所带来的威胁和损失。[①] 在西方国家，通常把危机管理（Crisis Management）称之为危机沟通管理（Crisis Communication Management），原因在于，事前加强信息的披露，事发时与竞争对手积极沟通，是危机管理的基本对策[②]。对于专利危机的应对（以专利侵权为例），以下给出几种常规的操作方式，供读者参考。

1. 分析专利权的稳定性

通过分析专利权的稳定性，釜底抽薪，化解专利侵权风险。例如，一方面可以通过分析带来危机的专利权是否存在不应被授予专利权的实质性缺陷的证据，并主动提起专利权无效的请求，从而从根本上瓦解专利侵权的危机。另一方面，也可以主动分析竞争对手可能侵犯己方专利权的证据，从而反诉对方侵犯专利权，以此迫使对方撤诉或达成和解。

2. 找寻现有技术的证据

通过检索搜集与技术相关的证据，证明己方技术是现有技术（即对方

① 高淮成．企业管理理论与实践［M］．合肥：安徽人民出版社，2011：281.

② 丹尼·冯．哈佛商训：美国商业精英是如何炼成的［M］．北京：北京理工大学出版社，2011：264.

的专利权只是基于己方技术所进行的改进），或者找到己方技术先用权的抗辩证据（即己方技术在对方专利授权前已经被广泛使用），从而实现在诉讼时达到不侵权抗辩的目的。

3. 改变研发策略

有时候，专利危机并不能通过破坏专利权稳定性、寻找现有技术证据等方式化解。此时，最好的办法就是对涉及的技术方案进行规避，从而最大限度地避开专利风险，这种应对方式也会不可避免地造成人力和经费的重复投入。

4. 专利交易

在真实的市场竞争中，专利危机并非只能通过诉讼等解决。侵权双方事实上也只是为了利益而博弈，“战争”有时候可以转化为“合作”。因此，在综合考量人力、研发经费、诉讼成本、市场战略等多个因素后，双方也可以选择“休战”，通过专利权的实施、许可、转让等方式达成合作，取得双赢。

三、专利危机应对的长远策略

目前，我国部分行业和企业对于专利预警的认知，都始于危机发生后的应对阶段，通过专利预警和危机管理来化解危机。但是专利预警工作不应只是在危机发生后才开展，应当在企业技术研发、成果保护、生产经营的全过程中，进行专利预警的综合管理，将企业技术研发、专利申请布局、产品投放、市场开拓等综合情况置于产业发展、市场竞争的大环境之中明确定位、识别风险，制定中长期的知识产权（专利）战略。

“运筹帷幄，决胜千里”。当专利战已经成为市场竞争中不可避免的常态形式时，每个创新主体都应当先充分考虑技术路径、竞争环境等情况，再确定自身的专利战略，这样才有可能在市场竞争中取得胜利。一般来说，企业专利战略可以分为主动型、被动型和混合型专利战略三种类型。

1. 主动型专利战略

主动型专利战略主张主动出击。一般情况下，如果某个创新主体在行业内拥有绝对领先的技术实力、大量的专利积累，并且在产业链中处于绝对优势地位，就具备制定主动型专利战略的基础条件。实施主动型专利战略，可以以己方专利为武器，主动向竞争对手发起进攻，要求竞争对手停止侵权行为或停售侵权产品，在维护己方利益的同时，打击竞争对手，给对手造成丢失市场、降低声誉等损失，从而扩大自己的市场，获取垄断利润或高额的专利许可费等。通信领域的王牌企业苹果公司和三星公司，就曾分别用专利向竞争对手开展过多次主动进攻，要求其停售产品，退出市场，或是支付巨额赔偿，缴纳巨额专利许可费等。[①] 这种主动进攻，已成为这类企业行之有效的竞争武器。

2. 被动型专利战略

被动型专利战略主张以守为攻。一般情况下，如果创新主体的技术实力在行业中不具有明显优势，专利数量少，缺失核心专利，没有系统专利布局，则有可能受制于人。这类创新主体则应当韬光养晦，积极申请高质量专利、做好专利布局、发挥好已有专利的作用，维护企业在市场竞争中的安全。实施被动型专利战略的企业，应当了解所属行业的发展情况及专利布局态势，掌握自身专利状况、产业链位置、市场占有率等情况，明确自身可能面对的专利风险。虽然不主动进攻，但当面临来自其他对手的进攻时，也能够及时响应，做好防御和还击。对于我国而言，大多数创新主体在产业链上不具有优势，高价值专利的数量和布局都有待提升，技术上也没有绝对的领先实力，因此，建议此类行业和企业采取被动型专利战略。

3. 混合型专利战略

在真实的市场竞争中，创新主体通常不能总是进攻者，或者总是防御者，这两种身份都会根据不同的技术和专利快速转化。因此，混合型专利战略（攻守兼备）也是一种明智的选择。一方面，随着中国企业创新能力、知识产权运用水平的增强，也可以逐步转守为攻；另一方面，如果某些传统优势企业竞争实力衰退，也只能退而自保实施被动型专利战略。总之，被动型专利战略是支撑进攻型专利战略的基础，时机合适时，创新主体也可以灵活改变自身的专利战略，由守转攻，更好地维护核心利益。

---

① 国家知识产权局专利局专利审查协作江苏中心. 移动通信领域美国知识产权诉讼研究［M］. 北京：知识产权出版社，2018：19.

第十三章　政府主导型专利预警

政府主导型专利预警是指针对专利问题、专利争端及专利纠纷，通过分析调查、信息报告、应急响应等机制，调动广泛的社会资源，快速处置重大风险事件，控制或减轻专利危机，维护国家或区域的产业经济安全。

政府主导型专利预警一般是从促进技术发展、产业发展等公共利益角度进行的专利预警工作，主要包括国家专利预警和区域专利预警两种形式。

第一节　国家专利预警

一、国家专利预警的基本概念

以知识产权为核心的综合国力竞争已经成为各国特别是经济发达国家竞争的焦点。国家层面的专利预警，对内可以优化产业布局、引导产业转型升级，对外可以监控风险、寻求互惠互利的渠道。

从目前国家层面开展的专利预警活动来看，根据预警角度的不同，可分为三类：国家专利分布预警、国家重要专利预警和国家重大项目预警。

1. 国家专利分布预警

专利作为国家重要的无形资产，在全球竞争中具有很强的战略属性，专利的拥有量是国家科技创新实力的重要体现，是衡量一个国家科技地位的重要指标，对重要专利的掌控甚至会在一定程度上影响国家安全。因此，从国家的角度对专利的基本情况进行梳理，对潜在专利风险进行预警具有十分重要的意义。

2. 国家重要专利预警

对重点产业的重要专利进行专利预警对国家经济安全和社会稳定具有重要的作用，甚至能够帮助国家在新一轮科技革命中处于领先地位。对这些重点产业（如战略性新型产业等），国家重要专利预警应该重点关注其国内外的专利布局情况和侵权风险等，并进行预警监测，对可能产生的危机进行防控，以便危机到来时能够及时化解。同时，可以定期发布相关产业的重点专利的预警相关信息，保护我国产业发展的安全。

3. 国家重大项目预警

重大项目预警是指针对关系国家经济和科技安全的重大科研、进出口、人才引进、资产重组等项目进行专利预警。对重大项目开展专利预警，能够尽早发现专利风险，避免专利危机，设计规避方案或防范策略，保证重大项目的顺利实施。同时，在预警的基础上，还可以制定适合项目实施的成果保护策略，防止自主知识产权流失，提高科研产出效率，保证国家经济安全。

二、国家专利预警的典型案例

随着我国专利保护力度持续加强，创新发展环境不断优化，越来越多的国外申请人对中国市场发展潜力充满信心，选择在中国进行专利布局，其中美国、日本、韩国是有代表意义的三个国家。对这三个国家在中国的专利情况进行分析，可以了解我国相关领域外国专利申请的构成情况，并做出风险预判和危机应对预案，预判产业风险与发展机遇。

本书节选了国家知识产权局《专利统计简报》2014 年第 12 期（总第 164 期）中的一个案例，介绍国家专利预警的典型案例。该案例主要从预警分析、预警结论、预警提示三个部分开展国家专利预警。值得注意的是，为了展示案例的核心思想，本书简化了部分图表。而在实际的专利预警报告中，预警分析人员应当参考本书第一部分专利分析的相关内容，选用适当的图表进行可视化展示，以便需求方能够快速理解相关内容。以下介绍该典型案例的具体内容。

1. 预警分析

（1）美国。2009—2013 年，美国在中国共申请发明专利 13.5 万件。5 年中保持 8.3%的年均增速，增长趋势稳定。2013 年，美国在华发明专利申请达 2.9 万件，是 2009 年的 1.4 倍。

美国在华发明专利申请主要集中在计算机、数字通信、电机电气装置、医药、半导体和发动机等技术领域。特别是计算机技术领域，5 年中均位居美国在华专利申请数量的首位，并呈稳步增长趋势，这与美国计算机技术全球领先的地位是相匹配的。

美国在华发明专利申请主要集中于以下跨国公司（2009—2013 年发明专利申请量排名前十的申请人）：高通公司、通用电气公司、通用汽车公司、微软公司、国际商业机器公司、3M 公司、英特尔公司、福特全球技术公司、惠普开发有限公司、陶氏环球技术公司和苹果公司。其中，高通公司主要涉及数字通信技术，5 年中申请量稳居美国申请人前三名；微软公司经历过 2009—2011 年发明专利申请的高速增长后，申请量开始大幅下降，2013 年以 327 件下滑至美国在华申请人的第 11 位；苹果公司的发明专利申请量 5 年来增长迅速，年均增速达 24.2%；通用汽车公司和福特全球技术公司两个汽车企业位居在华专利申请量排名前十位，主要集中于汽车发动机相关技术。

（2）日本。2009—2013 年，日本在华发明专利申请共计 18.6 万件，5 年来保持 11.8%的年均增速。

日本企业在中国申请的发明专利主要集中在电机电气装置、光学、音像和半导体等技术领域。特别是电机电气装置领域，5 年来均位居首位，并呈稳步增长态势。此外，日本公司在计算机技术、运输、测量和数字通信等领域的专利申请数量也相对集中。日本在华发明专利申请主要集中于以下跨国公司（2009—2013 年发明专利申请量排名前十的申请人）：索尼公司、松下电器公司、佳能公司、丰田自动车公司、夏普公司、三菱电机公司、精工爱普生公司、东芝公司、本田技研工业公司、富士通公司。索尼公司和松下电器公司作为日本代表性的电器公司，非常重视在华专利布局。与美国的公司情况相似的是，丰田自动车公司和本田技研工业公司两个汽车企业也出现在日本申请人的前十位中，特别是丰田自动车公司始终保持稳步增长态势，可见日本汽车企业在中国较高的市场占有率促使其不断加强知识产权保护。

（3）韩国。2009—2013 年，韩国在华发明专利申请共计 4.1 万件。5 年中以 16.5% 的年均增速高速增长。到 2013 年，韩国在华发明专利申请量首次超过万件，是 2009 年的 1.8 倍。

与日本相似，韩国在华发明专利申请主要集中在电机电气装置、半导体、音像技术、计算机技术和数字通信等领域。特别是电机电气装置领域，5 年中呈稳步增长态势。此外，韩国公司在光学、电信等领域的专利申请数量也相对集中。

韩国在华发明专利申请主要集中于以下跨国公司（2009—2013 年发明专利申请量排名前十的申请人）：三星电子公司、LG 电子公司、现代自动车公司、LG 显示有限公司、三星显示有限公司、三星电机公司、LG 化学公司、LG 伊诺特公司、三星 SDI 公司、爱思开海力士公司。三星电子公司作为世界最大的 IT 企业之一，在中国电子产品市场占据很大份额，其电视及手机产品深受中国消费者青睐，在华专利布局力度也逐年加强。紧随其后的 LG 电子公司是全球液晶面板的主要制造商。LG 显示有限公司和三星显示有限公司，近年来专利申请量稳步上升，2013 年，两家公司在华发明专利申请量超过 1000 件，与国内主要液晶面板制造商京东方公司的申请量接近。

2. 预警结论

2019—2013 年，美国、日本和韩国在中国专利布局以年均 8% 以上的速度快速增长，日本位居总数第一，美国次之，韩国以 4 万余件的总量位居第三。计算机、电机电器装置、半导体等技术是这三个国家在我国专利布局最集中的共性技术。美国最关注的是计算机、数字通信及电机电器技术，日本最关注的是电机电器、光学和音响技术，韩国关注的重点在电机电器、半导体和音响技术，这与各国的优势产业技术相吻合。以高通公司、索尼公司、三星电子公司为代表的跨国公司是这三个国家在我国专利布局的主力。在汽车领域，美国、日本和韩国的企业已经加大在我国专利布局的力度。

3. 预警提示

随着我国知识产权保护环境的日益改善，发达国家日趋重视在我国的专利布局。在以计算机、通信为代表的信息产业以及以电机电器装置为代表的装备制造产业，我国市场竞争未来将十分激烈，专利风险不容忽视。对此，站在国家产业发展安全的角度，一方面，我们要加大自主创新力度，在上述领域着力突破一批核心技术，积极参与国际化竞争；另一方面，我们也要密切跟踪发达国家跨国公司的技术研发和专利布局动向，规避专利风险，并在互利互惠的基础上寻求合作共赢之路。

第二节　区域专利预警

一、区域专利预警的基本概念

区域专利预警是从区域经济发展的整体利益出发，对区域内主导产业、重要产品和重点企业进行专利分析，在经济安全、产业安全等重点环节建立预警机制，及时准确地对专利风险和危机做出预告性和警示性反应，为区域发展提供全面的参考信息。①

区域专利预警主要包括以下几个方面。

1. 区域专利分布预警

通过专利大数据的分析，明确区域专利态势，了解区域技术和产业发展情况，从而更好地掌握或盘活专利资源，并提供专利竞争情报，为整个区域的产业发展提供决策依据。

区域专利分布预警要对区域产业全貌进行分析研究，但实际操作中，综合考虑经济和时间成本，多是将预警目标聚焦在重点产业或专利密集型产业。事实上，专利数据在一些非专利密集型产业上也并没有很高的分析价值。在对特定产业进行分析时，需要详细分析其产业链构成，找出风险

① 郭强，李伟，管育鹰．知识产权与区域经济发展［M］．北京：知识产权出版社，2011：84.

点，进行有针对性的预警。

2. 区域专利技术发展预警

通过专利大数据的分析，了解区域技术构成的基本情况，从而掌握区域技术发展的热点、重点以及研发产出效率等，为区域技术发展及研发力量的整合提供决策依据。

3. 区域创新主体专利预警

区域创新主体专利预警是指通过对申请人/发明人的分析，系统了解市场竞争状况、创新人才数量等，从而了解区域企业全貌或特定产业的企业链组成情况，同时还能发现区域的创新人才情况，为决策提供支撑。

二、区域专利预警的典型案例

废弃资源再生循环利用行业的发展将为我国解决污染及发展循环经济和绿色节能经济，实现“双碳”目标做出巨大的贡献。广东省知识产权局曾委托审协广东中心开展废弃资源再生循环利用行业的专利预警，并提出区域专利预警的建议。下文的案例选自《废弃资源再生循环利用产业专利信息分析及预警研究报告》①，以供读者了解区域专利预警的操作方法。

该案例针对废弃橡胶、塑料和电子电器产品三种常见的废弃资源，分析梳理再生循环利用行业的专利现状、技术沿革和发展趋势，通过寻找技术热点和创新活跃点，解析世界代表性国家的技术创新能力，剖析影响行业发展的重要专利技术，甄别国内外主要专利权人的技术优劣，明确国内企业（尤其是广东省内企业）在各具体技术分支上的优劣势所在以及所面临的专利风险，为广东省政府制定产业政策提供参考，为企业技术研发提供发展建议。

为了展示案例的核心思想，本书简化了部分文字、说明和图表。在实际的专利预警报告中，预警分析人员应当参考本书第一部分专利分析的相

① 国家知识产权局专利局专利审查协作广东中心．废弃资源再生循环利用产业专利信息分析及预警研究报告［M］．北京：知识产权出版社，2017：377.

关内容，选用适当的图表进行可视化展示，以便需求方能够快速理解相关内容。以下介绍该典型案例的具体内容。

1. 预警分析：分析三种常见的废弃资源再生循环利用技术的发展趋势

通过对废弃资源再生循环利用领域的全球专利申请量以及主要国家专利申请的趋势进行分析，了解目前中国和全球的技术发展方向。

图 13－1 至图 13－6 展示了全球及主要国家/地区在废弃资源循环利用领域的专利申请量的历年发展趋势。从图中可以看出，中国和国外的技术发展方向一致，均是以机械回收和化学回收为主，说明在废弃资源再生循环利用领域，中国已经与世界接轨。

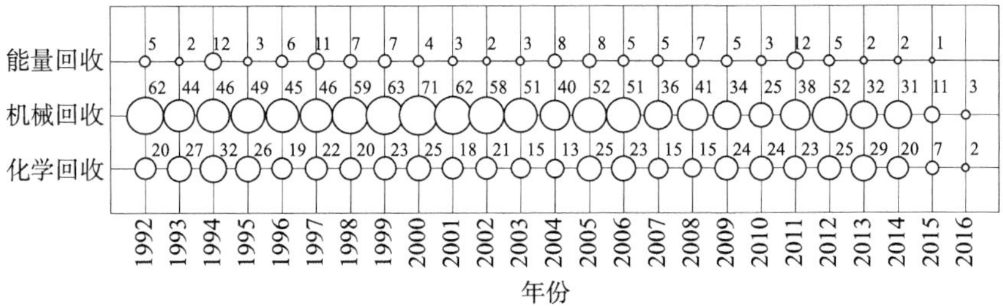

图 13－1　全球专利申请历年趋势（废弃资源再生循环利用领域）

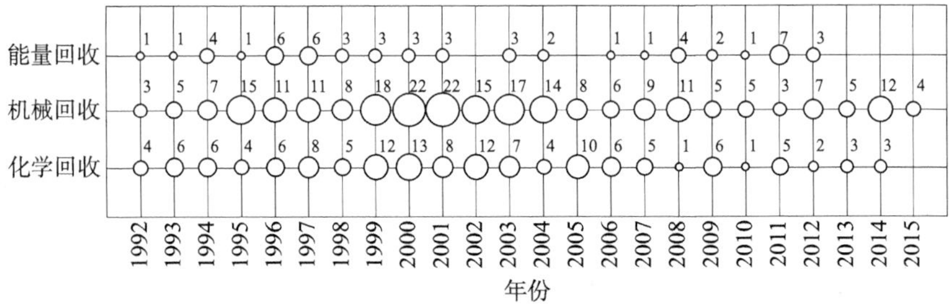

图 13－2　日本专利申请历年趋势（废弃资源再生循环利用领域）

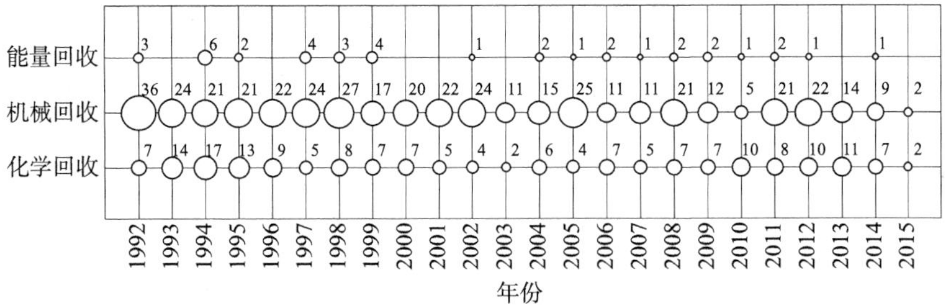

图 13－3　欧洲专利申请历年趋势（废弃资源再生循环利用领域）

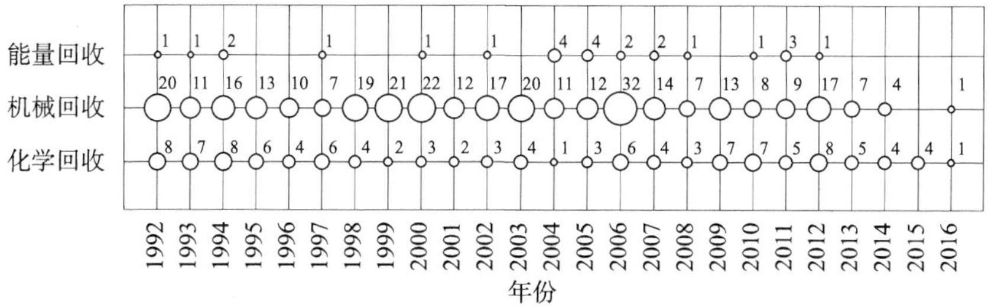

图 13－4　美国专利申请历年趋势（废弃资源再生循环利用领域）

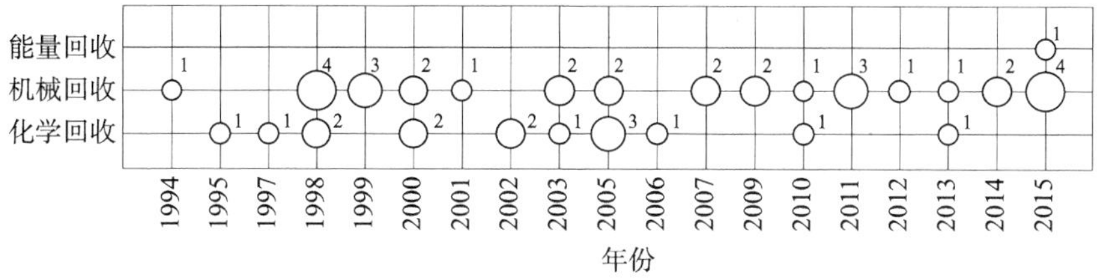

图 13－5　韩国专利申请历年趋势（废弃资源再生循环利用领域）

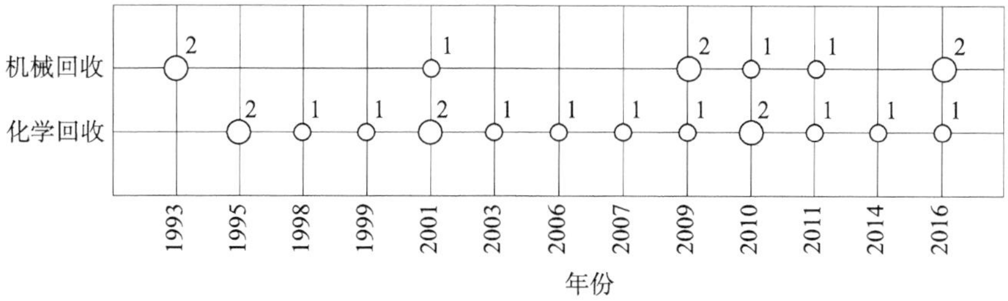

图 13－6　中国专利申请历年趋势（废弃资源再生循环利用领域）

2. *预警分析：以化学回收领域为例*

图 13－7 为全球其他国家在化学回收领域各分支技术的专利申请量变化趋势，可以看出主要开发热点为热裂解，专利申请量总体保持平稳，1993—2015 年每年均有 60 项以上的专利申请；其他分支技术方面，催化裂解和溶剂解也是较热门的开发方向，年专利申请量在 20 项上下浮动，但与热裂解相比仍有较大差距。图 13－8 是我国化学回收领域各分支技术的专利申请量变化趋势，热裂解相关专利申请表现出波动增长，在 2008 年后增长较快；催化裂解相关专利申请平稳增长，与全球的技术研发热点吻合。

由此，该案例得出了预警提示：在化学回收技术方面，应当继续投入对热裂解和催化裂解的开发。

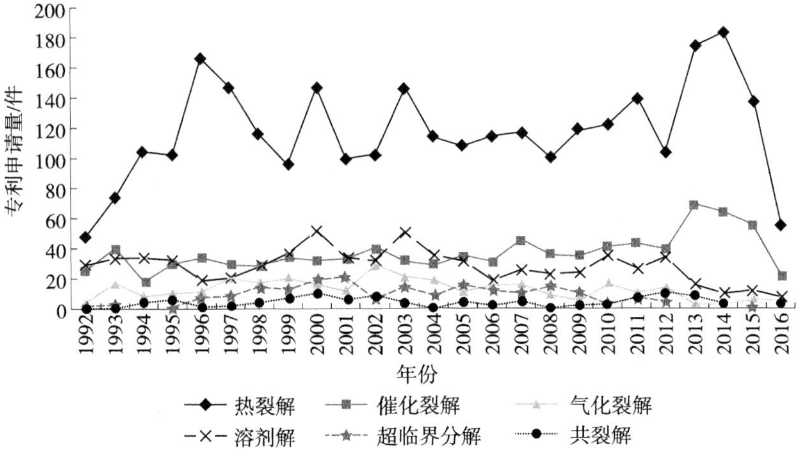

图 13－7 全球其他国家化学回收各分支技术专利申请历年趋势

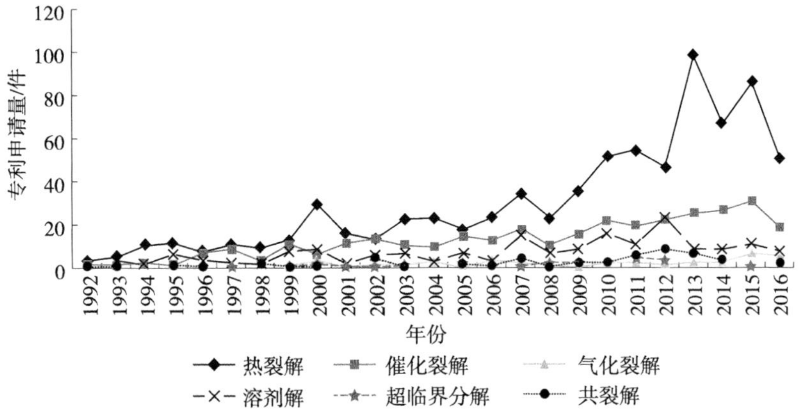

图 13－8 中国化学回收各分支技术专利申请历年趋势

3. 预警分析：化学回收领域的重要专利

重要专利分析可通过对国外在华专利进行分析，以了解国内市场在该领域是否存在技术风险。在华专利中，化学回收领域的有效专利（包括发明和实用新型专利）为 390 件，国内为 315 件，国外为 75 件；未决的专利申请为 145 件，国内为 116 件，国外为 29 件。以下针对化学回收领域催化裂解技术分支中涉及的催化剂类型及改进领域进行专利风险的预警分析。

在催化裂解一段法即直接催化裂解方面，涉及催化剂的专利中，有效专利和未决的专利申请共有 18 件（有效专利和未决的专利申请各为 9 件）。其中，国内的有效专利和未决的专利申请各 7 件，而国外在华的有效专利和未决的专利申请各 2 件，均是多边专利申请。国外在华的 2 件有效专利涉及的催化剂是 FCC 催化剂和氧化钛，而国内有效专利涉及的催化剂是分子筛或改性分子筛、活性高岭土（白土）和天然沸石的混合物、固体超强酸、金属催化剂；国外在华的 2 件未决的专利申请，涉及的催化剂是石灰石催化剂和沸石基催化剂，而国内未决的专利申请涉及的催化剂是活性白土，分子筛或改性分子筛，固体超强酸，多功能催化剂，结晶氧化铝、合成铝硅酸钠和无水三氯化铝的组合物。

预警提示：国内和国外的研究重点并不相同，国内进行产业化时相对容易规避国外专利的保护。在后续研究中，国内专利申请人可以有效规避国外专利申请的研究重点，从其外围或者技术空白点展开研究。若规避不开，还可以与该领域的国外专利权人进行合作，以有效避免专利侵权风险。

在催化裂解两段法中，涉及催化剂的有效专利和未决专利共有 14 件，分别为 12 和 2 件。其中国内的有效专利和未决专利分别为 9 件和 1 件；而国外在华的有效专利为 3 件，其中 2 件是多边专利申请；国外在华的未决专利为 1 件，是非多边专利申请。国外在华的 3 件有效专利涉及的催化剂是金属催化剂和沸石类催化剂。国内有效专利涉及的催化剂是金属或金属氧化物、分子筛或改性分子筛、硫化物催化剂、改性的粉煤灰催化剂、白土或蒙脱土；国外在华的 1 件未决专利申请，其涉及的催化剂是金属氧化物催化剂；国内未决专利涉及的催化剂是改性分子筛。

从该案例得出预警提示：国内和国外的研究重点并不相同，虽然国内和国外的专利申请在金属或金属氧化物催化剂方面都有研究，但是所涉及的金属或金属氧化物种类并不相同，而且所涉及的工艺也相差甚远。综上所述，目前在国内进行产业化时相对容易规避国外专利的保护。

4. 区域发展建议

（1）政府方面。

吸收国外废弃资源再生循环利用产业的法规政策经验，结合广东省产业实际，完善相关法规，强化法制化建设。

通过对欧洲、日本、美国等世界主要发达国家和地区废弃资源再生循环利用产业政策的研究，可以看出主要发达国家和地区从循环经济、可持续发展的理念出发，制定和实施了一系列有效的法规政策，有力地促进了再生资源产业的迅速发展，其中主要的法规政策包括“生产者责任”和“消费者付费”制度。

欧洲国家和美国的多数州政府主要采取“生产者责任”制度，日本则采用“生产者责任”与“消费者付费”相结合的制度。例如，日本在废旧家电回收产业，针对各种废旧家电及各种配件都有完善的回收规定。1998年日本颁布的家用电器循环利用法中规定，家用电器制造商和进口商对电冰箱、电视机、洗衣机和空调这4种家用电器有回收和实施再资源化的义务；同时，日本实行“按产品类别统一价格，全国实行统一的收费标准”，消费者需要支付废旧家电回收处理的部分费用。

因此，在充分吸取发达国家在该产业的法规政策经验的基础上，制定符合广东省产业实际的“生产者责任”和“消费者付费”有机结合的法规政策，明确生产者、销售商、消费者、回收处理企业的责任，同时加强制度执行力度的监管，提高资源再生循环利用产业准入门槛，规范市场竞争环境，才能提高资源再生企业的积极性，促进行业健康发展。

（2）企业方面。

①加强企业内部专利管理部门的建设，与研发部门密切合作，做好研发项目前期专利分析和预警工作，在进行市场投放之前，充分分析项目技术方向的专利现状，做好风险防控工作。

②如果企业的专利管理能力较弱，应积极与政府知识产权管理部门沟通，寻求知识产权援助。

③企业之间积极建立专利联盟，加强知识产权合作，共享专利技术信息，共同避免专利风险，同时在国内企业之间进行专利许可和技术转移，提高再生资源循环利用产业的知识产权运用和管理水平。

第十四章　行业和企业主导型专利预警

第一节　行业主导型专利预警

一、行业主导型专利预警的概念

政府主导型专利预警更多的是关注国家或者区域的专利风险，从而为技术和产业发展等提供决策建议。而行业主导型专利预警，则主要是由行业组织（如行业协会、企业联盟等）主导，对特定行业进行专利预警，梳理行业技术链、明确行业企业链，并将技术链和企业链映射到产业链中，促进行业内资源互补互助和技术创新，提升整体竞争力，形成可持续发展的格局。行业组织有时候并不能直接干预创新主体的市场行为，但可以将专利预警信息提供给创新主体，为其决策提供发展建议。

1. 行业专利分布预警

行业专利分布预警通过全面了解行业内专利申请分布现状及未来发展趋势，为行业提供专利全景图，从而明确本行业产业链构成，了解专利风险及其来源。

2. 行业技术发展预警

行业技术发展预警通过分析行业技术发展轨迹，行业关键技术和重点专利，行业未来发展走向，明确行业技术发展的规律，从而对行业面临的专利风险进行预警，并对未来发展趋势进行合理预测。

在分析关键技术时，应当重点关注行业标准（例如通信领域的标准必要专利)，通过对比现有标准规避潜在风险；也可在行业标准形成前，推动标准制定向有利于自己的方向发展。

3. 行业市场竞争预警

行业市场竞争预警通过提取行业内的主要专利申请人、发明人、合作申请等相关信息，分析竞争关系、竞争区域、竞争技术（热点/空白点)，从而识别竞争对手，明确竞争技术，发现合作伙伴，提升行业整体竞争实力。

二、行业主导型专利预警的典型案例

本案例选自由中国循环经济协会和国家知识产权局专利局专利审查协作广东中心共同完成的《秸秆综合利用领域专利风险分析报告》，针对秸秆综合利用行业，分析梳理行业的专利现状、技术沿革和发展趋势，通过寻找技术热点和创新活跃点剖析影响行业发展的重要专利技术，甄别国内外的主要专利权人的技术优劣，为特定行业制定政策提供参考，为行业内企业技术研发提供发展建议。

为了展示案例的核心思想，本书简化了部分说明文字和图表。在实际的专利预警报告中，预警分析人员应当参考本书第一部分专利分析的相关内容，选用适当的图表进行可视化展示，以便需求方能够快速理解相关内容。另外，该报告形成于2017年，所以专利的统计数据和法律状态以当时为准。以下介绍该典型案例的具体内容。

1. 根据专利发展趋势进行专利预警

专利数量可以在一定程度上反映技术研发的热点和方向，通过对各国以及全球各技术分支的专利申请趋势进行分析，可以了解目前秸秆利用产业的技术发展趋势，识别专利风险。

从图14-1中可以看出，1995—2015年，秸秆回收的五大技术分支的专利申请量逐步上涨，并且在2012年后出现了明显增长。秸秆原料化回收技术分支在20年间，申请量始终处于第一位，之后依次是饲料化、燃料化、基料化和肥料化回收技术分支。

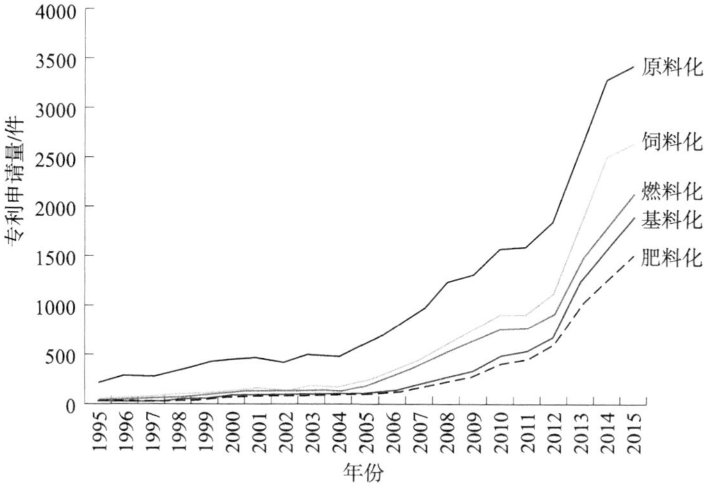

图 14－1 秸秆回收五个技术分支的全球申请量变化趋势

通过图 14－2 和图 14－3，可以看出，在秸秆回收的五大技术分支领域，中国专利申请量较大，而非中国的专利申请趋势则与中国的专利申请趋势明显不同。具体而言，在秸秆回收领域，中国专利申请的申请量在 2005 年时除原料化技术分支外，其他各技术分支专利申请量为 100 件左右，而 2015 年各技术分支的专利申请量为 1000～3500 件。从趋势上看，每个技术分支的专利申请量都还在持续增长；从申请量来看，秸秆原料化的专利申请量始终处于第一位，之后依次是饲料化、燃料化、基料化和肥料化。

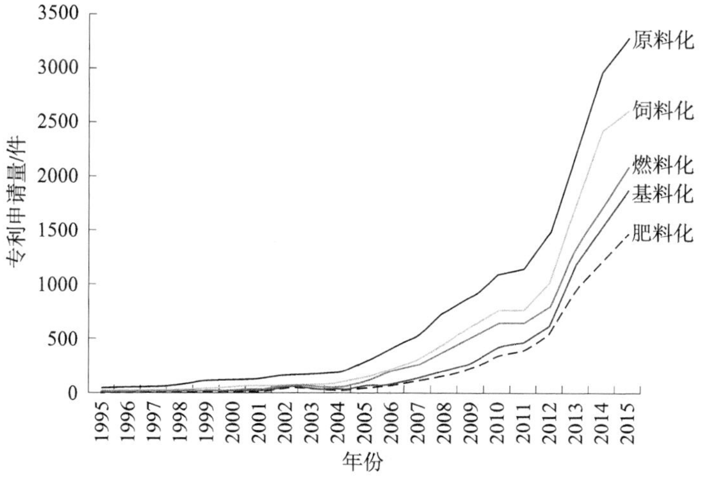

图 14－2 秸秆回收五个技术分支的中国专利申请量变化趋势

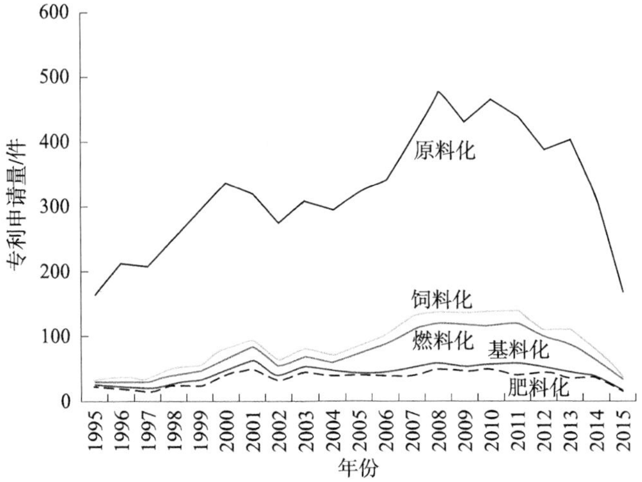

图 14－3 秸秆回收五个技术分支的非中国专利申请量变化趋势

图 14－3 显示，非中国专利申请量自 1995 年起开始上升，但在 2008—2009 年达到顶峰后急速下滑，非中国专利申请整体上主要围绕原料化，其次是饲料化、燃料化、基料化和肥料化，但其申请量较之于中国专利申请则明显较少。

另外，由图 14－4 可以得出预警分析的结论，日本早在 2000 年就开始了主要围绕秸秆原料化处理进行专利布局，专利申请数量达到近 140 件，之后专利申请数量呈下降趋势，并在 2008 年回升之后又有所下降；日本对于饲料化、燃料化、基料化和肥料化的专利布局较少，其申请量在 2005 年达到顶峰后呈下降趋势。

由图 14－5 可以看出，在秸秆回收领域，欧洲专利申请量在 2007 年和 2011 年迎来了两次高峰，2014 年后呈明显下降趋势。五个分支技术发展趋势基本相同，但欧洲的专利申请同样主要围绕原料化进行。

由图 14－6 和图 14－7 可以看出，在秸秆回收领域，美国和韩国的专利申请量在 2000 年之前较低。此阶段，两国在秸秆回收领域的专利布局较弱。两国分别在 2009 年、2012 年迎来了专利申请量的高峰。值得注意的是，2012 年以后，国外对于秸秆处理的专利布局陡降，即便是曾作为申请热点的秸秆原料化处理，其申请量急剧下降。

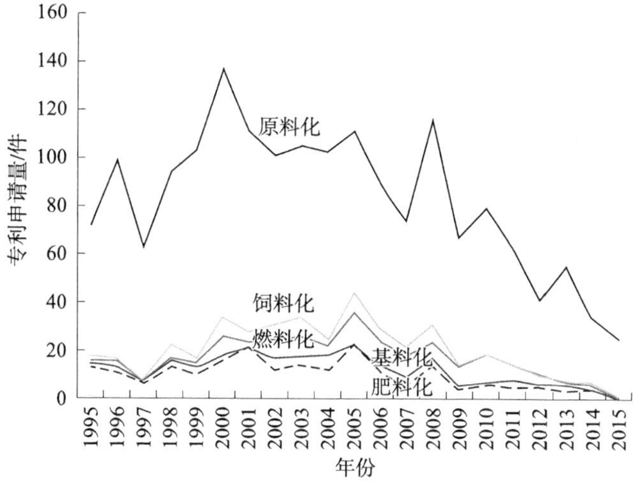

图 14－4　日本专利申请量变化趋势（秸秆回收领域）

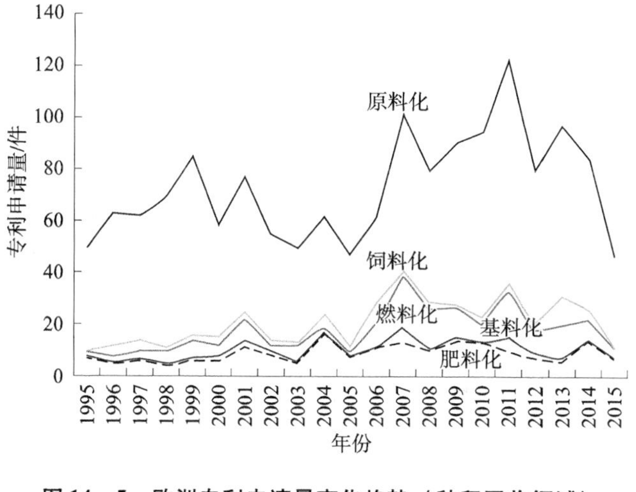

图 14－5　欧洲专利申请量变化趋势（秸秆回收领域）

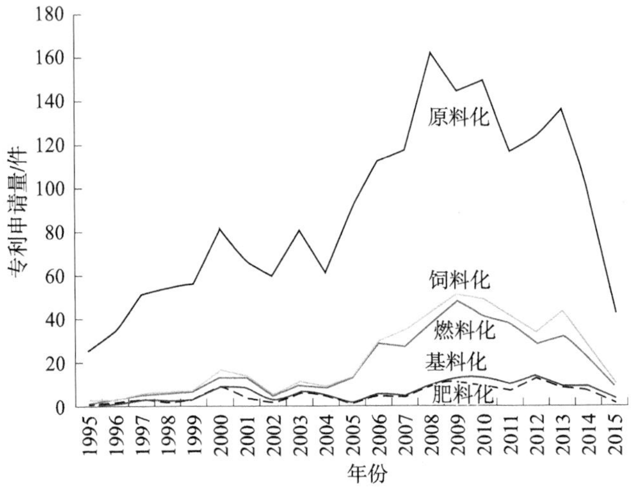

图 14－6　美国专利申请量变化趋势（秸秆回收领域）

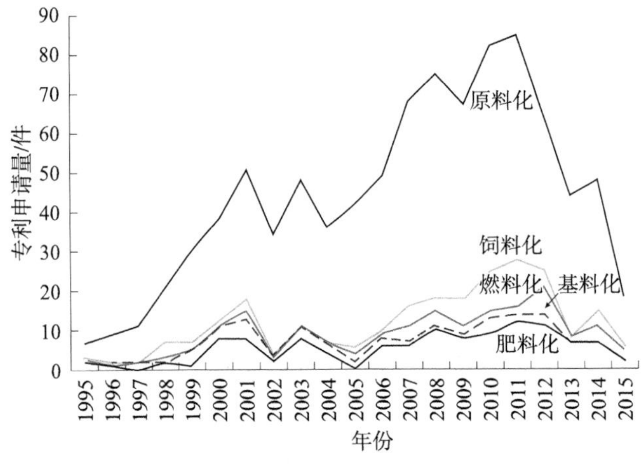

图 14－7　韩国专利申请量变化趋势（秸秆回收领域）

综上，可以看出：中国重点关注的发展方向与全球基本一致，都是围绕秸秆原料化进行研究；但中国的技术发展方向与国外技术发展方向明显不一致，国外对于秸秆的五化处理领域的专利申请整体下降趋势明显，说明研发投入和关注度都大幅减少，而中国则呈现出持续增长的态势。

2. 根据多边专利申请情况进行专利预警

该案例进一步选取了多边专利申请较多的美国、欧洲、日本以及中国的多边专利申请，并分领域进行了详细分析。

从图 14－8 至图 14－9 可以看出，美国的多边专利申请涉及全部的五个技术分支，并且以秸秆原料化为主。从 1996 年起，美国就开始针对秸秆原料化进行全球专利布局。另外，在 2005—2014 年，受全球经济政策的影响，美国的全部技术分支的多边专利申请数量较之前均明显增多（欧洲也出现了类似的现象）。关于肥料化，自 1997 年起，美国就开始布局少量的多边专利申请，且该状况延续至 2014 年，可见美国对秸秆肥料化处理始终有经济和研发的投入。关于基料化，美国并未投入较多的精力进行专利布局，仅在 1998—2012 年之间顺应全球热潮，进行了 6 件多边专利申请的布局。

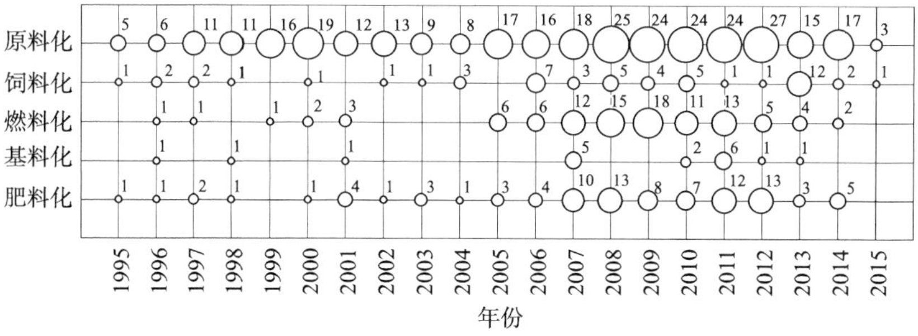

图 14－8　全球多边专利申请分布（秸秆回收领域）

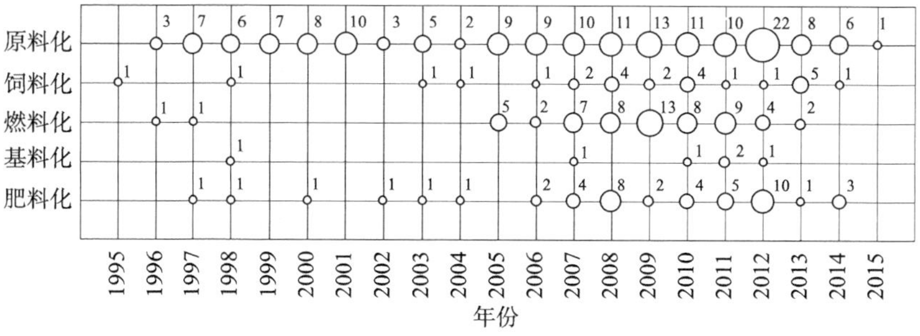

图 14－9　美国多边专利申请分布（秸秆回收领域）

关于欧洲的多边专利申请，从图 14－10 中可以明显看出，以 2003 年为界，呈现出了两段式分布。2003 年之前，欧洲在秸秆回收各个技术分支都有专利布局，并且以秸秆原料化为主，其他四种处理方式为辅。2003 年前后受全球经济政策的影响，出现了明显的空白区域。直到 2006—2007 年又迎来了整体的增长。之后，关于原料化处理呈现震荡增长的趋势，而其他几种处理方式虽然呈现断断续续的申请趋势，但整体数量较为平稳。

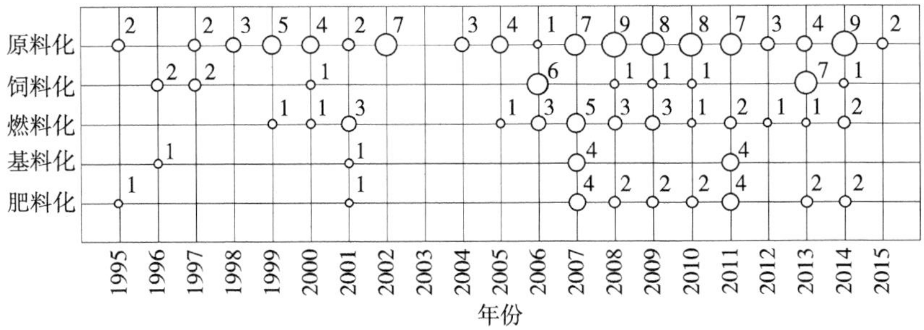

图 14－10 欧洲多边专利申请分布（秸秆回收领域）

关于日本的多边专利申请状况，从图 14－11 中可以看出，日本同样围绕原料化进行了多边专利申请的布局，整体数量比较平稳。另外，在 2001—2013 年，日本还进行了 3 件燃料化、5 件肥料化和 1 件基料化多边专利申请的布局。关于饲料化，日本并未进行多边专利申请。

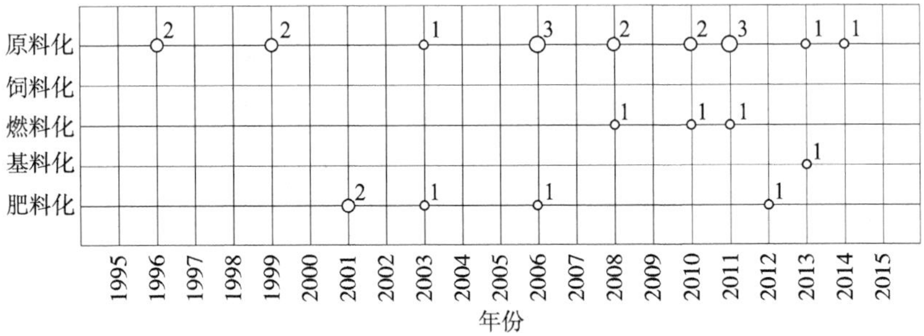

图 14－11 日本多边专利申请分布（秸秆回收领域）

由图 14－12 可以看出，中国在 2002—2011 年在秸秆回收各个技术分支领域共申请 4 件多边专利，其中 3 件涉及原料化，1 件涉及燃料化。可以看出，中国在这方面的多边申请数量很少，说明中国的全球专利布局意识不强。

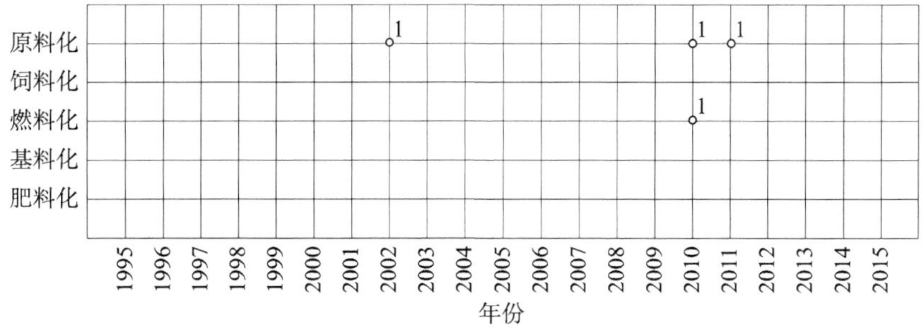

图 14－12　中国多边专利申请分布（秸秆回收领域）

图 14－13 显示出在秸秆回收各个技术分支领域，外国企业在华多边专利申请量。可以看出，外国企业对于秸秆原料化处理的布局最多，而燃料化、肥料化的专利布局约为原料化的一半。

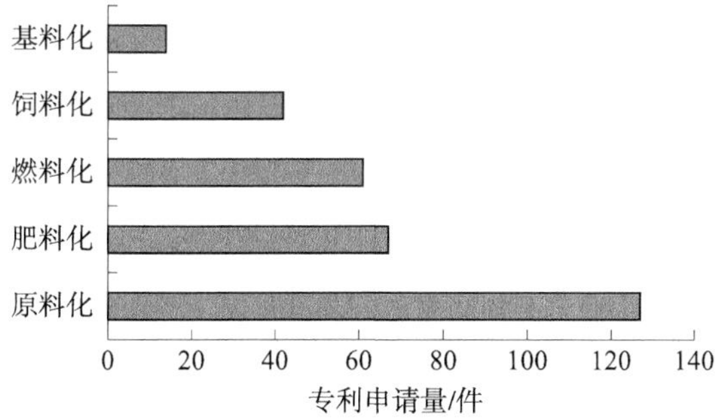

图 14－13　外国企业在华的多边专利申请量（秸秆回收领域）

专利预警建议：从专利布局数量上来看，在秸秆回收各个技术分支领域，原料化处理是国外在华申请人重点布局的分支，其次是肥料化和燃料化。

3. 全球主要申请人在华申请专利的情况分析

通过分析秸秆回收领域全球主要申请人在华专利的法律状态，给出预警提示：①国内技术是在引进技术的基础上改进而来的，其能享有的专利保护范围必然受到限制；②国内申请人的专利撰写和专利保护知识还很缺乏，导致专利权保护范围较小。因此，国内申请人需要进一步提高技术创新能力，加强专利保护相关知识的普及。总体而言，从国内外专利的特点来看，外国专利的权利要求保护范围较大，而国内专利保护范围较小。

表 14－1 显示了在秸秆回收领域国外在华有效和未决专利申请所涉及的技术分支分布情况。通过分析，给出预警提示：原料化分支是国外在华专利布局的重点，尤其是木糖醇技术方面。作为对比，国内申请人在木糖醇领域的竞争对手多是国外知名跨国公司且专利布局较多，因此具有较大的专利风险，要注意防范。另外，燃料化分支中的秸秆制燃料乙醇技术，是国外在华专利布局的又一重点，有效和未决的专利共有 35 件，有一定的专利风险。肥料化、基料化和饲料化，以及燃料化和原料化的其他技术分支方面，国外在华专利申请并不多，产业化风险比较容易规避，但相关企业仍需持续关注专利申请量的变化，避免落入国外专利的“雷区”。

表 14－1　国外在华有效和未决专利申请所涉及的秸秆回收技术分支分布情况表

（单位：件）

技术分支		有效	未决	合计
肥料化		30	26	56
基料化		6	2	8
燃料化	秸秆制沼气	1	1	2
	气化制燃料	2	0	2
	秸秆制燃料乙醇	16	19	35
	炭化燃料	0	1	1
	合计	19	21	40
饲料化	机械	0	2	2
	化学	5	10	15
	发酵	2	0	2
	其他	6	8	14
	合计	13	20	33
原料化	人造板	18	6	24
	复合材料	1	3	4
	木糖醇	40	42	82
	造纸	3	4	7
	合计	62	55	117

第二节　企业主导型专利预警

一、企业主导型专利预警的基本概念

创新主体（尤其是企业）直接参与市场竞争，因而能够最先感受到市场风险（专利风险）。企业主导型专利预警是由企业根据自身技术研发创新及市场竞争中遇到的问题，有针对性地开展的专利预警。它是能够帮助企业解决创新和在市场竞争中现实利益问题的具体的专利预警形式，也是专利预警体系中需求类型最为多样的专利预警形式，对预警信息的准确度、灵敏度要求高。①

作为应用在最末端的专利预警，企业主导型专利预警最为灵活，形式也最为多样。如果从知识产权的时间线上区分，可以将企业主导型专利预警划分为知识产权创造专利预警、知识产权保护专利预警和知识产权运用专利预警三种类型。

1. 知识产权创造专利预警

在技术研发阶段，企业虽然还没有获得专利，但竞争对手可能已经在相关甚至完全相同的技术领域内进行了专利布局。在研发前进行专利预警，可以帮助企业提前了解潜在的风险，进行有效的规避。事实上，企业除了应当在研发前对研发目标进行专利风险预警，还应当在研发过程中不断地对专利风险进行实时监控，随时了解竞争对手的情况并调整研发方向。

知识产权创造专利预警包括三种预警类型，如表 14－2 所示。

---

① 苏小芳，朱军，石磊．浅析专利预警与专利布局对企业发展规划的重要性［J］．时代金融，2018（29）：10－20.

表 14－2 知识产权创造专利预警的三种类型

类型	目标	方法
技术方案预警	防止研发目标已经是竞争对手的现有技术，从而避免重复研发，节约成本，提高研发起点	通过全球专利文献检索，找到相近的技术方案，进行技术方案的分析比对
技术路径预警	防止短期或中长期研发规划中的重点技术方向、重点技术节点与竞争对手重叠	判断技术路径中的重点技术方案是否属于现有技术（即作出发现或未发现相同或实质相同的技术方案的结论）
竞争对手预警	识别竞争者和潜在合作伙伴	将自身的研发目标与现有相似技术方案进行比对，判断自身方案是否具有突出的实质性特点和显著的进步

2. 知识产权保护专利预警

企业进行技术研发，主要目的是利用研发成果在市场上获得经济利益。但在市场经济环境下，如果研发成果不能以有效的方式得到保护，则会给企业带来巨大的损失。例如，在医药领域，研制一个新药往往需要付出数年甚至更长的时间。如果药物的相关成果未能得到有效保护，投产后被轻易地模仿则可能导致企业巨额投入无法收回，也会严重影响企业研发创新的积极性。因此，在研究成果产生后，如何获得高质量的知识产权，即如何进行成果保护是非常重要的。

知识产权保护专利预警主要包括三种类型，如表 14－3 所示。

表 14－3 知识产权保护专利预警的三种类型

类型	目标	方法
专利挖掘预警	化解应保护而未保护的专利风险	宏观层面：根据现有专利布局形势，分析技术发展趋势，挖掘自身在重点方向、关键技术上的专利 技术层面：基于项目任务，分析技术构成要素、剖析创新点，最后在对比现有技术的基础上形成技术方案；同时寻找关联创新点，形成多个相关联的技术方案

续表

类型	目标	方法
专利申请预警	化解对技术方案保护范围不当的专利风险	确定技术交底书中的技术方案是否具有可专利性；针对同一创新点，是否形成包括产品、方法等在内的多组权利要求
专利布局预警	化解未能形成保护网络而导致保护力度不够的风险	技术：分析热点和空白点 地域：分析产品投放的主要市场 时间：规划专利申请与产品进入市场的时间差

3. 知识产权运用专利预警

知识产权运用专利预警是在全面排查企业市场经营活动专利风险的基础上，尽可能地为企业提供相对安全的竞争环境，并在此基础上以对专利制度的灵活有效运用促使企业利益和收益最大化。

企业市场经营活动具有多样性，其中专利的运用方式也丰富多彩，由此产生的专利风险形式也难以穷举。但总地来说，知识产权运用专利预警可以大致分为三种类型，如表 14 –4 所示。

表 14 –4　知识产权运用专利预警的三种类型

类型	目标	方法
产品专利预警（进入市场）	防范侵权或被侵权的风险	针对具体的技术方案或可能包含多个技术方向的产品进行侵权检索，判断是否对专利构成侵权。将正在申请的与技术方案高度相关的专利作为潜在的风险来源进行跟踪，关注其被授权时是否带来侵权风险
资本运营专利预警（专利交易/企业并购）	交易专利价值被高估或己方专利价值被低估的风险	全面调查交易专利（专利组合）的基本情况，包括专利权法律状态、专利权属状态、质押许可状态，并对专利价值进行评估
人才专利预警	识别引进人才，增强企业竞争力	找出与企业拟突破的技术最相关的人才，并对其研究方向、产出效率等进行分析，锁定引进人才。对待引进的人才进行技术、权属和侵权分析

二、企业主导型专利预警的典型案例

本书所选的企业主导型专利预警典型案例来自魏保志主编的《热点技术专利预警：汽车安全气囊分册》。

该案例通过开展企业主导型专利预警，为某汽车企业技术研发排除创新风险。在具体预警分析中，该案例通过建立分析模型，对专利技术路线、竞争对手、技术功效等进行了详细的分析，发现了潜在的技术突破点。

为了展示案例的核心思想，本书简化了部分文字说明和图表。在实际的专利预警报告中，预警分析人员应当参考本书第一部分专利分析的相关内容，选用适当的图表进行可视化展示，以便需求方能够快速理解相关内容。另外，该案例研究时间为2014年，所以部分结论仅代表当时的实际状况。以下介绍该典型案例的具体内容。

1. 预警分析

汽车安全气囊是汽车碰撞安全系统的重要装置，具有技术含量高、附加价值大等特点，经过几十年的发展，如今已经成为小型汽车的标准配置。在该技术领域，近年来的竞争十分激烈，专利布局已经比较密集。该案例通过专利预警研究技术发展路线，在了解主要技术竞争对手专利布局现状的基础上寻找技术研发突破口。

首先通过数据检索、清理和标引获得全面准确的专利数据样本3万多条。以此为基础，通过对核心专利技术的识别和梳理，形成了各主要技术方向的技术发展路线图，具体梳理了从1995年以来的三个时间段内关键专利技术的申请人、技术主题等情况。

进一步通过对专利数据中有关申请人信息的挖掘，了解主要申请人在不同时间、区域和不同技术方向上的竞争情况，了解其研发方向的动态变化、关注市场的动态变化等。在对技术发展、主要竞争者进行分析的基础上，从技术研发的角度全面分析了不同竞争者为了解决安全气囊设计中的特定技术问题采用的各种技术手段。另外，本案例还制作了包含竞争者信息的技术功效矩阵图，根据这些竞争情报、技术情报信息，技术研发规划部门和研发人员可以在综合判断之后选择符合企业技术发展战略的研发路线。

2. 预警提示

通过专利数据对技术研发路线、主要竞争者的分析，可以帮助企业了解技术发展动态，有效跟踪竞争对手的技术和市场布局策略，积极防范专利风险；同时，可以通过深入的技术解读，以技术功效矩阵等方式发现潜在的技术研发突破点，帮助企业进行技术研发路径规划。